国家示范性高等职业院校艺术设计专业精品教材

高职高专艺术学门类『十三五』规划教材

『十二五』江苏省高等学校重点教材

●主编 耿蕊 毛锡荣 易晓蜜

CHANPIN KAIFA SHEJI QUANAN JIEXI

产品开发设计全案解析

华中科技大学出版社

http://www.hustp.com

中国·武汉

U0165987

内 容 简 介

　　本书的内容主要包括以下几个部分：工业设计概述、工业设计的开发过程、产品设计创新思维与方法，以及产品设计教学案例讲解。工业设计概述、工业设计的开发过程、产品设计创新思维与方法这三部分为理论部分，对于其中很多的知识点，为便于读者理解，编者结合了其所参与的设计案例进行讲解。产品设计教学案例讲解部分从"产品造型设计""商业产品开发设计""创新产品设计""文化产品设计"这四个不同的角度组织教学内容。本书运用主题教学的方式开展课程教学，旨在在教学过程中开启学生的创造性思维，使学生学会不同类型产品的设计方法，以便在以后的学习和实践中进行深入的设计研究。

　　为了方便教学，本书还配有电子课件等教学资源包，任课教师和学生可以登录"我们爱读书"网（www.ibook4us.com）免费注册并浏览，或者发邮件至 husttujian@163.com 免费索取。

　　本书是江苏省高等学校重点教材，可用于高职院校产品设计专业的专业课程教学，也可作为产品设计专业培训机构、企业产品研发的培训教材，还可供广大产品设计人员及业余爱好者使用、参考。

图书在版编目(CIP)数据

产品开发设计全案解析 ／耿蕊，毛锡荣，易晓蜜主编.—武汉：华中科技大学出版社，2017.7（2022.8重印）
高职高专艺术学门类"十三五"规划教材
ISBN 978-7-5680-1993-4

Ⅰ.① 产… Ⅱ.①耿… ②毛… ③易… Ⅲ.①产品-设计-高等职业教育-教材 Ⅳ.①TB472

中国版本图书馆CIP数据核字(2016)第 144864 号

产品开发设计全案解析　　　　　　　　　　　　　　　　耿　蕊　毛锡荣　易晓蜜　主编
Chanpin Kaifa Sheji Quan'an Jiexi

策划编辑：康　序
责任编辑：刘　静
封面设计：孢　子
责任监印：朱　玢
出版发行：华中科技大学出版社（中国·武汉）　　　　电话：（027）81321913
　　　　　武汉市东湖新技术开发区华工科技园　　　　邮编：430223
录　　排：武汉正风天下文化发展有限公司
印　　刷：武汉市洪林印务有限公司
开　　本：880mm×1230mm　1/16
印　　张：8
字　　数：236 千字
版　　次：2022 年 8 月第 1 版第 2 次印刷
定　　价：48.00 元

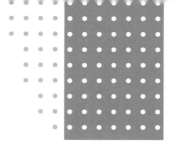

FOREWORD
前言

中国的工业设计处于一个快速发展的时代，目前国内很多高校都设有工业设计专业。1999年，苏州工艺美术职业技术学院在日用品工业造型设计专业的基础上，正式成立了工业设计系。在多年的教学研究成果的积累下，目前苏州工艺美术职业技术学院工业设计系明确教学内容主要包括两个方面：一方面，体现职业院校的特色，注重设计的实践教学，强调技能包括手绘能力、计算机运用能力等的学习，根据对接企业岗位的需要开展课程教学；另一方面，注重设计理论包括设计方法、设计管理等的学习，提升学生的文化水平，使学生在工作以后发展后劲充足。

本书名为"产品设计开发全案解析"。在编写过程中，本书坚持实践教学原则，采用"项目＋主题"的专业教学模式组织内容，以促进工学结合，进而达到一课多赢的目的。有关产品设计的理论很多，且产品设计本身又具有客观性和严谨性的特点，这使得学生往往将设计的过程想得太过复杂，在具体的设计过程中常常感觉无从下手。通过案例教学，可以使学生感同身受，与教师产生心理上的共鸣，从而快速地进入到设计开发的过程。

编者在近几年的教学过程中发现，产品设计的范畴很广，针对不同的产品主题应该采用不同的设计方法，因而在教学过程当中也应该针对不同的主题采用相对应的教学方法，通过实践性教学让学生慢慢打开思路，从设计体验中感受产品设计的乐趣。本书就是遵循这样的教学思路编写而成的。具体说来，本书的编写特色如下。

（1）在内容上，本书坚持"以能力培养为中心，以理论知识为支撑"的原则，将教学知识点贯穿于真实案例中，案例针对性强，内容翔实，设计过程清晰，而且体现了设计团队的思考过程。本书把晦涩的理论知识融入案例当中，将其转换成生动有趣、浅显易懂的内容，有利于学生理解和接受这些知识点，掌握产品设计的方法。

（2）在结构上，本书先进行主题阐述，然后根据主题的特点进行教学设计，接着对学生进行主题启发，最后通过案例教学的方式把设计过程呈现给学生。整个过程符合"提出问题—分析问题—实践验证—得出结论—举一反三"的线性结构形式，有利于引导学生通过学习案例很快地掌握相关产品的设计方法，并将其运用到自己的设计实践中。

（3）在案例的选择上，本书中的每个案例相对独立、完整，且具有代表性。在本书中，每个主题都选择了1~2个案例进行探讨。在这些案例中，既有教师实际参与的企业设计项目，又有学生在教师的指导下完成的设计案例，虽然有些案例显得青涩甚至不成熟，但是都记录了设计者设计过程中的点点滴滴，且带入了相关的知识点。

　　本书的完成离不开校方的支持，在此感谢苏州工艺美术职业技术学院吴冬玲、李方、衡小东等老师的协力相助，感谢苏州工艺美术职业技术学院黄振诚、王首栋、程亚兵、孙振扬、李苏南、尹思雨等同学为本书编写所做的工作。

　　为了方便教学，本书还配有电子课件等教学资源包，任课教师和学生可以登录"我们爱读书"网（www.ibook4us.com）免费注册并浏览，或者发邮件至 husttujian@163.com 免费索取。

　　由于编者水平和知识结构的局限性，书中难免有不当之处，恳请诸位读者给予批评指正。

编　者
2017 年 2 月

CONTENTS
目录

项目 1

工业设计概述

G ONGYE S HEJI GAISHU

>>> 任务 1
工业设计概述

工业设计是一门交叉学科，涉及工学、美学、社会学、心理学、市场学甚至哲学等学科。传统工业设计出现在工业革命爆发之后，以产品为核心，以工业化大批量生产为前提，是对以工业手段生产的产品进行规划与设计，使之更符合使用者需求的创造性活动。随着时代的发展和社会的变迁，工业设计的内涵和外延一直在发生变化，现代工业设计的概念也由此应运而生。现代工业设计，不仅指产品的设计，而且还指为了实现某一种特定目的，从构思到建立一切可行的实施方案，并且用明确的手段表示出来的系列行为。它包含了一切使用现代化手段进行生产和服务的设计过程，涉及交互设计、系统设计、体验设计、信息设计、整合创新等范畴。不过无论时代如何发展，工业设计始终是以满足人的需求为目的的。

目前，工业设计广泛应用于轻工、纺织、机械、电子信息等行业。大力发展工业设计，是丰富产品品种、提升产品附加值的重要手段，是创建自主品牌、提升工业竞争力的有效途径，是转变经济发展方式、扩大消费需求的客观要求。工业设计成为全球各地区新的经济增长点和重要支撑。许多发达国家和新兴工业国都极为重视工业设计，将其视为实现经济集约增长的关键因素和推进国家创新战略的重要环节。

>>> 任务 2
工业设计的核心目标

工业设计的核心目标是针对市场的特定空间研发新产品，为企业带来利润，满足社会的需求。其中，满足社会的需求具体体现在以下几个方面。

第一，满足使用者的需求：需要考虑用户习惯、产品易用性、人机交互性。

第二，满足企业发展需求：需要考虑未来趋势、品牌识别、产品差异性。

第三，满足技术发展需求：需要考虑制造可行性、材料的应用、标准化的实现及加工和安装的便利性。

在设计调研的时候，可以从使用者的需求（包括生理需求、心理需求）、技术因素和社会因素三大方面来展开分析社会的需求。

>>> 任务 3
工业设计教育内容

我国在 20 世纪 80 年代末创立了工业设计专业，至今三十多年里，面对快速发展的中国经济，信息化时代、体验经济的到来，工业设计的内容始终在做出调整。目前工业设计教育细分出很多方向，比如家具设计、玩具设计、日用品设计等，这种分法偏向于以产品为中心，容易割裂产品之间的联系，使得学生所学也比较片面。另外，有一种分法以人的需求为核心，研究人生活的各个方面，包括吃、穿、住、用、行、娱乐、交流等。从这些角度去研究产品，做产品的改良和创新设计，所考虑的因素会更加系统，能够真正做到人、产品和环境的和谐、统一，做到系统地规划、设计、创新。

我国的工业设计教育发展迅猛，规模不断扩大，但是各个院校的特色区分不大，地域性也不明显。未来各大院校应该结合区域产业特色、师资特点展开工业设计教育，真正培养出国际化、差异化的新一代设计师。

>>> 任务 4
工业设计师

工业设计师兼具感性和理性，既有艺术家的敏感、自由、激情和创造力，又有工程师的严谨、认真的科学态度。每个工业设计师设计的作品都有个人的印记，因此工业设计师的个性、阅历、文化素养决定了他的设计水平。

工业设计师是工业设计的实践者，工业设计需要协调各种资源，进行团队合作，但是设计和创新与工业设计师个人的水平关系很大。工业设计是一个需要创造力的行业，因而工业设计师的经验、能力和素质对产品设计的品质和水平有很大关系。

>>> 任务 5
工业设计相关理念解析

从工业设计出现至今，产生了大量的设计风格和主义。在本任务中，选择如今常见的几种设计进行解析。

(1) 现代主义设计：流行于 20 世纪中期，是现代设计史上最重要的设计运动之一，以功能主义和理性主义为

图 1-1 现代主义设计代表作联合国大楼

核心，是大机器时代生产技术与现代艺术相结合的产物。图 1-1 所示的是现代主义设计代表作联合国大楼。

（2）后现代主义设计：产生于 20 世纪后期，突破了审美的规范，将艺术与生活结合，是多元化、多中心的艺术形式，多种思维方式和多种价值观的集合体。后现代主义设计的特点是注重人性化、自由化，体现个体和文化内涵，注重历史文脉的延续性，注重多元化、矛盾性的统一。图 1-2 所示的是后现代主义设计代表作悉尼歌剧院。

（3）绿色设计：绿色设计也称为生态设计，在产品的整个生命周期里，着重考虑产品环境属性（可拆卸性、可回收性、可维护性、可重复利用性等），并将其作为设计目标，在满足环境目标要求的同时，保证产品应有的功能、使用寿命、质量等。绿色设计的原则被公认为 "3R" 原则，即减少环境污染、减小能源消耗，产品和零部件的回收再生循环或者重新利用。图 1-3 所示的是典型的绿色设计作品——用树木纤维材料代替塑料生产的椅子。

图 1-2 后现代主义设计代表作悉尼歌剧院

图 1-3 典型的绿色设计作品——用树木纤维材料代替塑料生产的椅子

（4）交互设计：交互设计努力去创造和建立的是人与产品及服务之间有意义的关系，以在充满社会复杂性的物质世界中嵌入信息技术为中心。交互设计的目标可以从可用性和用户体验两个层面上进行分析。交互设计更关注于人和产品、环境之间的交互过程，如今智能化产品越来越多，操作界面的交互已经成为交互设计的重要一环。人机交互操作界面如图 1-4 所示。

（5）体验设计：体验设计是使消费者参与、融入设计中，在设计中将服务作为"舞台"，将产品作为"道具"，将环境作为"布景"，力图使消费者在商业活动过程中感受到美好的一种设计。要做好体验设计，在设计过程中工业设计师必须与消费者有很多的互动，以尽量感受消费者的体验需求。工业设计师在揣摩消费者的未来体验的同时，也要感受生产者的工作体验，换位思考，也为生产者着想。苹果体验店如图 1-5 所示。

图 1-4 人机交互操作界面

图 1-5 苹果体验店

任务 6
工业设计现状及问题

随着经济的飞速发展，现在的人类社会进入了后工业时代和互联网时代。在经济和社会变革的过程中，设计风格也在不断变化。在近几年，中国工业设计在南方快速发展，特别是在深圳、上海等几个地区，工业设计已经形成比较成熟的行业。当然，工业设计在发展的过程当中也面临着一些问题，主要体现在以下两个方面。

1. 企业重视程度不够

在中国，很多企业都认为工业设计只是为产品做一个漂亮的外衣，工业设计一直处于模仿的阶段。企业对工业设计的需求也是"快餐式"的，企业希望短期内将现有的产品进行包装，迅速获得利润，不愿意长期投资设计研发，不愿意组建设计团队。目前只有行业内一线的企业才有一定规模的设计团队，而一般的中小型企业即使有设计团队，也是偏向于结构和软硬件研发，缺少创新能力，这致使我国的产品在国际市场上不受认可，无法处于行业的领先地位。

2. 产业化程度不够

如今一般的工业设计专业学生在毕业后有很多转行的，即使毕业后成为工业设计师，若从业 3~5 年之间做不到管理职位，则一般也会转行，这是因为大部分工业设计师只会进行产品的造型设计，设计公司的业务范围也比较窄。工业设计公司长期面临着人员流动大、团队能力不足、资金短缺、规模难扩大等问题。目前的工业设计公司分为三个等级，即最初级的设计公司、中级的设计公司和高级的设计公司。最初级的设计公司只能进行外观和形式的设计；中级的设计公司不仅可以做外观的创新，而且具备结构和工程上的研发能力，但目标还是关注在产品上；高级的设计公司能够结合中国的发展趋势全面开展工业设计，具备整合创新的能力。高级的设计公司如瑞德、洛可可等，所涉及的领域包含家电、机械装备、医疗、交通工具等各个行业。

当代的工业设计已经不限于有形产品的设计，开始关注人类需求，设计无形的产品，因而出现了交互设计、体验设计、服务设计、系统设计等设计方法。

項目
2

工业设计的开发过程

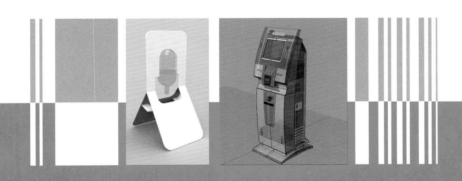

GONGYE SHEJI
DE
KAIFA
GUOCHENG

﹥﹥﹥ 任务1
产品设计开发的类型

产品设计开发，即个人、科研机构、企业、学校、金融机构等创造性地研制新产品，或者改良原有产品。产品设计开发的方法可以为发明、组合、减除、技术革新、商业模式创新或改革等。产品设计开发根据产品的定位不同分为以下三种：一是产品改良设计；二是产品创新设计；三是创新产品设计。

2.1.1 产品改良设计 ▼

产品改良设计是指在原有产品的基础上，保持原产品大部分或部分的基本结构、形态，进行局部或整体的修正改良，从而使产品获得新的面貌，形成新成品的一种设计方法。

1. 产品改良设计的意义

产品是有生命周期的，市场营销学定义的产品生命周期为导入期—成长期—成熟期—衰退期。在产品的导入期，产品更具突破性，但是此时，顾客对产品还不了解，企业需要投入大量的促销费用，只有大品牌的产品可能会快速得到市场认可，否则销售量很低。在导入期，研发成本高，产品也不完善，不能大批量生产产品，销售额增长缓慢，企业不但得不到利润，反而可能会亏损。而在产品的成长期，顾客对产品已经熟悉，开始大量地购买，市场逐步扩大，同时产品开始大批量生产，生产成本相对降低，企业的销售额迅速上升，利润也迅速增长。竞争者看到有利可图，将纷纷进入市场参与竞争，使同类产品供给量增加，产品的价格随之下降，企业利润增长速度逐步减慢，最后达到利润的最高点。

产品改良设计针对成长期的市场（特征是投资少、见效快、风险小）。产品改良设计因为是对技术和市场相对比较成熟的产品进行局部改良变动，有充分的市场信息和参考资料，一般设计目标也比较明确，甚至原产品的模具和零件仍然可以使用，产品的经济性、可靠性、有效性都有保证，所以是企业常见的设计活动之一。

2. 产品改良设计的方法

（1）增减产品的功能。增减产品的功能是常用的产品改良设计方法。产品的功能是指这个产品所具有的特定职能，即产品总体的功用或用途。产品的功能包括基本功能和辅助功能两种。其中，基本功能是产品用途必不可少的特征，是产品的价值所在，辅助功能是指除基本功能以外的附加用途。图2-1所示的游标卡尺读卡器设计就是采用增减产品的功能进行产品改良设计的一个实例。

（2）功能不变，改进产品外观。这里的外观包括形态、材料、色彩、人机工程学等方面，外观的改进具有较大的空间，这也是市场上最常见的产品研发模式，是企业产品生产策略中重要的一环。人机工程学改良以用户的需求为中心，研究人与机器的关系，可以通过一些市场调研的方法去发现问题，改良、完善产品的外观。

（3）功能和外观都有部分改变。这种情况也较为常见，创新的程度也较高，在产品的成熟期部分改变产品的动能和外观，可以很快地将产品导入市场，同时容易避开相关的专利技术。

3. 产品改良设计的流程

产品改良设计的一般流程为：接受设计任务，制订设计计划—学习了解，市场调研—分析研究—设计定位，

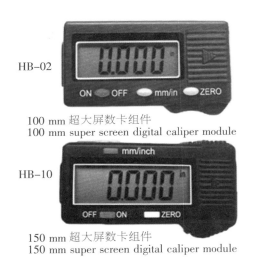

HB-02

100 mm 超大屏数卡组件
100 mm super screen digital caliper module

HB-10

150 mm 超大屏数卡组件
150 mm super screen digital caliper module

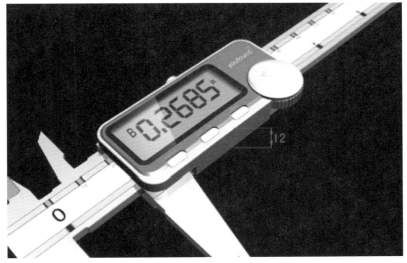

图 2-1　游标卡尺读卡器设计

设计构思前预先设定的设计目标—展开设计，草图构思—分析评估，确定范围—选定草模—咨询评估—计算机辅助设计—手板模型制作—审查评估—内部结构工程设计。图 2-2 所示的是一款电风扇的改良设计流程。

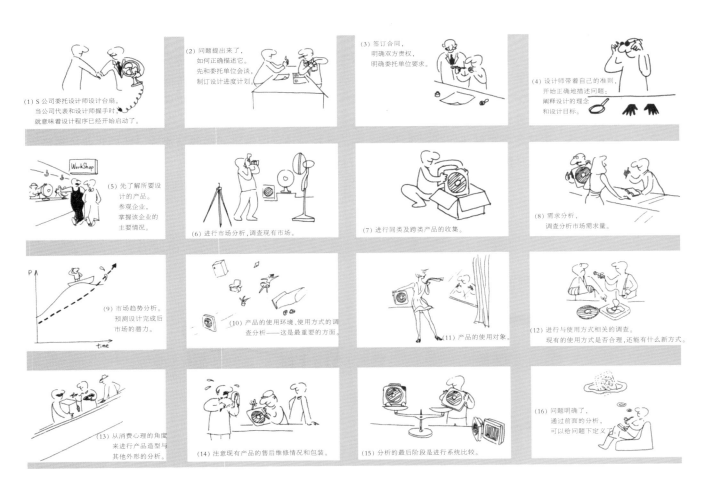

(1) S 公司委托设计师设计台扇。当公司代表和设计师握手时，就意味着设计程序已经开始启动了。

(2) 问题提出来了，如何正确描述它。先和委托单位会谈，制订设计进度计划。

(3) 签订合同，明确双方责权，明确委托单位要求。

(4) 设计师带着自己的准则，开始正确地描述问题；阐释设计的理念和设计目标。

(5) 先了解所要设计的产品。参观企业，掌握该企业的主要情况。

(6) 进行市场分析，调查现有市场。

(7) 进行同类及跨类产品的收集。

(8) 需求分析。调查分析市场需求量。

(9) 市场趋势分析。预测设计完成后市场的潜力。

(10) 产品的使用环境、使用方式的调查分析——这是最重要的方面。

(11) 产品的使用对象。

(12) 进行与使用方式相关的调查。现有的使用方式是否合理，还能有什么新方式。

(13) 从消费心理的角度来进行产品造型与其他外形的分析。

(14) 注意现有产品的售后维修情况和包装。

(15) 分析的最后阶段是进行系统比较。

(16) 问题明确了，通过前面的分析，可以给问题下定义了。

图 2-2　一款电风扇的改良设计流程

(17) 基于新的定义，提出设计这种产品的意向与产品应具有的各种要求。构思方案，思考能满足定义的方式还有哪些。

(18) 提出设计的初步方案，进行一次评估。

(19) 做草模，进行推敲。这一步也称为推敲模型。

(20) 根据草模进行功能结构、外形和工艺分析，论证可行性。

(21) 推敲草模并完善方案后，再进行一次评估。

(22) 设计复核后，正式确定方案。

(23) 进入正式的模型制作环节，先绘制图纸，制作型板。

(24) 制作样机，定下造型。

(25) 完成样机。

(26) 进行最后评估、承受测试。

(27) 投入生产，并进行生产指导。

(28) 广告、包装策划。

续图 2-2

2.1.2 产品创新设计 ▼

产品创新设计的主要目的就是设计出市场上具有前瞻性的产品并保证其在同类产品中脱颖而出。产品创新设计的实质和关键就在于一个"新"字。新产品可能源于技术上的创新，如新功能、新结构，新材料、新科技应用等；也可能源于形式上的创新，如同样具有净衣功能的洗衣机有直滚筒式洗衣机，也有横滚筒式洗衣机，还有干洗机；还可能源于产品使用方式和文化符号的创新，如同样是喝饮料的杯子，酒杯和茶杯不一样，同样是喝茶的杯子，中国北方的茶杯和南方的茶杯不一样。

产品创新设计首先要确定需要解决问题的性质和条件，寻找各种可以解决问题的可能性，然后对各种可能性进行进一步的科学分析，以择优的方法确定解决问题的可行性方案。

产品创新设计的定位除了外观、功能、市场等目标外，主要是确定新产品以何种创新为主来达到预期目标。在企业中，产品创新设计还要考虑产品设计风格的统一性、系列化等问题。

电饭锅创新设计如图 2-3 所示。

（a）创新前　　　　　　　　　　（b）创新后

图 2-3　电饭锅创新设计

2.1.3　创新产品设计

所谓创新产品设计，就是指当前没有同类功能的创造性的全新产品设计。创新产品设计最大的特征就是产品设计师通过对人和社会进行仔细、深入的观察分析后，发现人和社会新的功能需要，从而设计出满足这种功能需要的产品。由于创新产品设计没有现成的同类产品作为参考，所以产品设计师需要通过一系列科学的思维和实验过程才能获得设计成功。

因为创新产品设计没有先期产品做参考，所以它完全是根据产品设计师对产品要求的认识和理解来设计规划，有不受原有产品影响和束缚的自由。随着科技、文化、经济的发展，新问题、新要求、新希望层出不穷，不同性质的问题、要求需要不同的人造物来与之相适应。

创新产品设计一般有技术推动型的创新产品设计和市场拉动型的创新产品设计两种。技术推动型的产品创新设计是指企业或者设计公司拥有一项新技术，然后考虑找到新技术应用的市场的创新产品设计，这包括新材料、新工艺的推动创新。市场拉动型的产品创新设计，是指依靠设计者在平常生活中体验生活、观察社会、研究发现人们的生理需求和心理需求而提出、选定的创新产品设计。

创新产品设计的最后工作就是申请设计专利。在高度激烈的商品经济竞争中，学会自我知识成果保护（包括创新产品设计成功前的保密措施和设计成功后的专利申请）是必不可少的。

图 2-4 所示的急救毯（2014 年红点奖十佳概念设计产品）就是一个典型的创新产品设计实例。

图 2-4　急救毯（2014 年红点奖十佳概念设计产品）

任务 2
产品设计开发的三个阶段

产品设计开发的目的不同，从而产生了产品改良设计、产品创新设计和创新产品设计之分，但是无论哪一种产品设计开发形式，所经历的步骤都是大致相同的。产品设计开发的过程可以概括成观察、分析和创造三大步骤。这要求：设计团队在产品开发的前期要有一个敏锐的视角，能够发现问题；找到问题的时候，又能够准确地评估和分析问题产生的根源，要有全面的分析问题的能力；最后到了产品创造阶段，能够系统地、完善地、创造性地解决问题。

2.2.1　观察

观察的目的是寻找设计点，可以采用一系列的设计调研方式去观察，设计调研的方式包括面谈采访法、现场观察和问卷调查法等。不同的人看待问题的角度不同，只是凭借个人的感觉去看待问题是很片面的，观察角度单一，解决方案也将是单一的。作为产品设计师，更要关注生活，在平时多观察身边的人和事情，培养敏锐的洞察力。

观是看，察是分析。设计上的突破往往需要产品设计师看人人熟视无睹的东西，思别人不想的东西。在日常生活中，产品设计师应观察自然事物，观察人的行为，观察社会文化现象，观察一切与产品有关的事和物。只有这样，他才能在创造性思维中获得更多的发散性思维的结果。

产品设计创新人员除了具备应有的抽象思维能力和形象思维能力外，还应该热爱生活，时时处处留心观察和体会身边的事和物，养成一种"脑储备"知识资料的习惯，为以后的设计创新工作创造"思维内存"条件。图 2-5 所示的是2014 年红点奖获奖作品"舒适滴"，在设计上，"舒适滴"因为下面的小孔而有利于使用者顺利地将眼药水滴进眼睛里。平时我们也会遇到类似的问题，但却被忽略掉了，其实只要我们用心去关注生活、记录生活，相信我们也能创造出一些令人眼前一亮的作品。

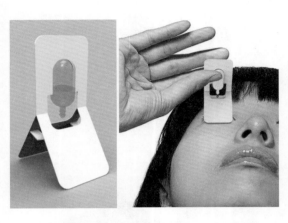

图 2-5 2014 年红点奖获奖作品"舒适滴"

2.2.2 分析 ▼

发现了问题或者市场的需求点后，接下来要做的就是针对问题展开分析了。分析问题非常关键，只有透过问题的现象看到问题的本质，梳理思维的框架，才能找到更多、更有效的解决方案。

分析问题也有一系列的方法，如"5W1H"法、角色人物法、体验图法、思维导图法、目的发散法等。发现问题的时候更偏重于感性的认知，而分析问题的时候则更偏重于理性的思维梳理了。过去的产品设计师在设计产品的外观造型时，往往强调个性和灵感，但是真正在进行创新的时候，更需要进行理性的分析。创造性思维的成功必定要经过科学的分析、归纳、演绎、推理、判断等思维过程，并运用将其他领域的知识成果迁移到产品设计上来的能力才能获得。这种将其他领域的知识成果迁移到产品设计上来的能力必须依赖于产品设计师的知识掌握水平，尤其是在创新思维后期的收敛性思维上，知识和经验往往起到决定性的作用。另外，分析问题的能力需要不断地学习方法和训练才得以提高。

分析问题的时候可以根据目的的不同采用不同的方法，如进行发散性思维的时候，我们可以采用头脑风暴法、思维导图法，而针对某一个具体问题进行分析的时候，我们可以采用收敛性思维的方式，如采用目的发散法进行层层梳理。例如"剩女问题"，针对这个问题展开，可能包括两大方向：一个是已经有多个合适的人却不知道怎么选择；另一个是还没碰到合适的人。针对这两个方向又可以进行展开，如碰不到合适的人这个问题：一方面可能是接触的人太少，另一方面可能是自己要求太高。这种方式运用到了目的发散法，逻辑性强，思维梳理清晰、准确。

2.2.3 创造 ▼

创造阶段是展开创意并且进行表现的过程。根据前期的问题发现、问题分析展开，我们已经能够明确地知道解决问题的方向在哪里了，接下来要做的就是展开多元的创意，从不同的角度全方位地解决问题。例如上文提到的"剩女问题"：经过分析确定了两个主要原因，首先针对有多个合适的人却不知道选择谁的问题，解决方案可以是列出一个内心需求清单，并且按照主次排序，如身高要求、工作要求等，然后针对另一个原因碰不到合适的对象这个问题，从接触到的人少这个角度来看，可以展开参加各类活动、利用相亲网站等手段。

创造性地解决问题的方法也是多种多样的，可以采用模型试验、草图绘制等方法。对于产品设计来说，产品设计的表现能力非常重要，前期设计分析更多地以文字描述展开，到创造阶段要把文字转化成具象的形象，因而

会用到草图、模型等。

在商业性的产品研发过程当中，观察、分析和创造这三个阶段又可以细化成很多具体的步骤，在真实的产品研发过程当中，各步骤之间并没有严格的分界线，具备很强的交融性。

任务 3
产品设计开发的一般流程

2.3.1　前期设计导入　▽

接受产品研发任务的前期，包括组建研发团队、进行项目分析、安排项目进度等一系列活动。这个过程非常重要，需要有多年研发经验的产品设计师带队，需要聚集各个利益相关方一同讨论，需要采用设计需求信息表等手段采集到产品的需求信息。学校里面一些简单的设计练习往往强调产品创新的过程表现，常常忽略这个阶段，但是当真正地为企业做产品研发时，前期导入的方向准确，可以使产品设计开发少走很多弯路。

1. 前期设计导入的意义

产品设计开发的前期设计导入意义重大，考虑到产品研发是企业发展的核心，因而要立足于企业的长期开发战略，从宏观的、发展的、竞争的角度考虑产品设计开发的前期设计导入。在产品设计开发的前期，产品设计师要听取企业主、市场人员、技术人员、财务人员等人的意见，做出准确的产品分析、产品定位，确保准时完成开发计划。

如果前期设计导入出现了问题，例如产品时间安排不合理、成本考虑不足、市场分析有偏差，那么后面将会给企业的产品研发带来一系列问题，如产品研发时间过长导致错过最佳投放市场时机、超出企业资金预算导致产品成本过高、产品投入市场后无人问津导致企业亏损严重等问题。同时，前期设计导入失败将会增加产品设计师的工作强度，导致方案需要不停地返工和修改，甚至方案最终被企业否决，浪费大量的人力、物力。

2. 前期设计导入的信息内容

针对企业的产品设计开发，需要先了解一些产品的以下相关信息。

(1) 企业信息（企业名称、所属行业、企业规模、企业定位和企业理念等）。

(2) 产品名称（产品型号、产品类别、产品目标等）。

(3) 产品所处的行业特点（审美标准、技术标准等）。

(4) 产品的功能特点。

(5) 产品的使用方式。

(6) 产品的使用者（消费人群、群体分类、群体特征）。

(7) 产品造型的基本要求（客户希望的造型感觉、色彩要求、表面处理要求）。

(8) 产品结构的基本要求（材料、加工工艺、认证标准、人机尺寸等）。

(9) 产品元器件（元器件的数量、尺寸、标准等）。

(10) 设计参考资料。

(11) 时间进度安排。

(12) 其他说明。

前期设计导入可以采用 5W2H 分析法进行梳理。5W2H 分析法又称为七何分析法，它对决策和执行性的活动措施非常有帮助，而且有助于弥补考虑问题的疏漏。

（1）WHAT——是什么？目的是什么？做什么工作？

（2）HOW ——怎么做？如何提高效率？如何实施？方法怎样？

（3）WHY——为什么？为什么要这么做？理由何在？原因是什么？造成这样的结果为什么？

（4）WHEN——何时？什么时间完成？什么时机最适宜？

（5）WHERE——何处？在哪里做？从哪里入手？

（6）WHO——谁？由谁来承担？谁来完成？谁负责？

（7）HOW MUCH——多少？做到什么程度？数量如何？质量水平如何？费用产出如何？

3. 前期设计导入的导入方式

前期设计导入可采用采集设计的信息的方式。采集设计的信息，将需要的信息制作成完整、详细的表格，让客户方参与表格的内容填充，可以确保前期信息输入的准确性。通过采集设计的信息，可以间接地了解企业的需求，所以它比较适合为设计公司的设计服务。企业内部开发设计部门也可以采用此方法，避免后期的信息补充，减少产品研发的修改。

通过产品需求表收集信息之后，在设计机构内部，一般由设计总监或项目负责人先去解读信息，负责解读的人往往具备多年的产品研发经验，能够深刻理解各方面的信息，从而能够正确地整理出设计资料（见图2-6），包括技术资料、现场照片资料（见图2-7）、相关产品资料（见图2-8）、创新设计资料等。设计资料整理好后就可以交给设计团队开展设计工作了。设计总监或项目负责人还要安排好项目进度和时间节点、掌控过程、审核阶段性成果质量。产品设计师在理解设计信息之后要将不完全理解的地方反馈给设计总监，即时从企业那里得到信息的补充。

玻璃窗清洁　　产品　　厨房清洁　　创意清洁工具　　客厅卧室的清洁　　清洁小点子　　卫生间的清洁　　阳台清洁

图 2-6　设计资料

IMG_3203　IMG_3204　IMG_3205　IMG_3206　IMG_3207　IMG_3208　IMG_3209　IMG_3210

IMG_3211　IMG_3212　IMG_3213　IMG_3214　IMG_3215　IMG_3216　IMG_3217　IMG_3218

IMG_3219　IMG_3220　IMG_3221　IMG_3222　IMG_3223　IMG_3224　IMG_3225　IMG_3226

IMG_3227　IMG_3228　IMG_3229　IMG_3230　IMG_3231　IMG_3232　IMG_3233　IMG_3234

图 2-7　现场照片资料

084c9f1b5ae4e
09231b0919875
3a8a045575e20
0100c8-hIGJj...

85afc7f3jw1e4y
aqeth4cj20c11y
zdju

95bf2c09e948f9
417cd662e755e
339deee92afc3
120b7-geq6r3...

97a77b638b2b
dd1bac237a4c9
8eaba5bc1f5e2f
6c28c-fUiLv5_f...

209bc1b2e5d22
ddca74c9cc38d
40b44d61244d
902709f-fi4W1...

329e46344b912
1f02b9a76b194
f0086b4214575
4479b-k19gt0...

377cec7ff12a7c
b615bfd4230f1
ad45c29c60329
a0e1-Al865D_f...

381b7bf1503c4
c5682940902c8f
ff07423422efc6
dd2-4YfCoU_f...

508e064140419
8e5b1cea79f57
a9b398aff4368e
4b8a-cStDJ7_f...

531d200f3dfae
9be36000001

701feefa426c42
91ac40672cde8
76dee487bc076
1fe2c-xopVvn_...

742ca16818811
40162e419b459
a7cb7aec08aa5
44dd4-WLNw...

1273

3497ace29d232
97be282e92400
2e7a77e2d60e2
2d5c1-Wdj485...

3925a56775dfa
8a8ca02887a93
59ca4ea8181cef
11c19-e7UtlX_...

4859e618ad3bc
178a04deddff1
c69d752926299
f36269-KF5lcG...

6425f232ef792a
ce4d1aad4e45b
fa82e04845211
bafd-vtr76n_f...

8800aafd317ed
750655b0f42b5
98ab72b54ee2f
5356f2-euaDw...

28549f3645455f

46685d16545fd

51550d45b4e07

53217f9e3dfae9

62565d3e7c551

233623b076236

324799d3d8ba

4259340b0877e

5321849b3dfae

图 2-8 相关产品资料

  会议的方式也可以用作设计信息的前期设计导入，这种方式简单直接，能使参与人员不多的简单项目实施起来更加方便。与会者包括企业经营者、市场人员、经验丰富的产品设计师、专业的工程师等各方面人员，会议围绕产品开发的需求信息展开，需要在有限的时间内完成。一般在会议上就要确定接下来的产品研发涉及的参与人员、项目流程、时间安排，形成明确的设计目标。会议现场照片如图 2-9 所示。

图 2-9 会议现场照片

4. 产品功能模块导入

对于实际投产的产品，在进行设计开发的时候，必然要考虑可行性。这个时候需要对产品的功能模块进行深入的了解，明确产品功能模块之间的关系以及工作方式，需要了解这些模块在产品内部的布局。例如一款多媒体自动终端的设计，首先要了解里面的功能模块，包括液晶触摸显示屏、键盘、发票（针式）打印模块、热敏打印模块、宽行打印模块、射频读写模块、IC卡/磁卡混合电动读卡器、音响（两个）、主机、电源。

产品的构成模块及其工作原理，决定了产品的功能和使用原理，直接影响产品创新的方向和产品外观造型的可行性。产品内部的模块布局不同，做出的造型可能会大相径庭。当然在进行产品创新的时候既要考虑内部布局的合理性，也要考虑外表的美观和使用者的体验，然后决定采用何种产品形态。图2-10所示的多媒体自动终端外部操作区就是考虑了产品内部各个模块的位置布局（内部功能模块建构图如图2-11所示）设计出来的，产品造型合理，加工方便。

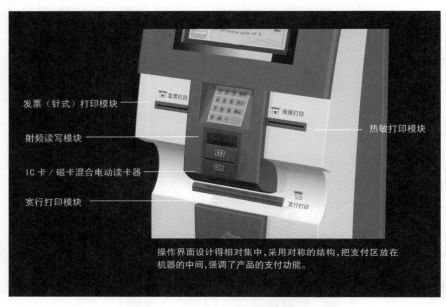

图2-10 多媒体自动终端外部操作区　　　　　　图2-11 内部功能模块建构图

2.3.2 设计调查 ▼

进行产品设计创新前，需要发现机会缺口。机会来源于人的需求，所以发现需求或者创造需求能很好地填补市场空白。对于改良产品来说，寻找机会缺口时，偏向于对市场上同类产品的分析、同类品牌策略研究、产品本身的问题分析、使用者反馈意见等研究。而对于创新产品设计来说，社会现状分析、生活方式调查、新技术的发展都能带来产品研发的机会缺口。

设计调查阶段的任务是通过设计调查理解和分析产品的机会缺口，通过产品的机会缺口形成清晰的产品价值机遇，然后把价值机遇描述成产品的特质。设计调查主要包括用户需求调查、同类产品调查、使用环境调查、技术趋势与社会发展趋势分析四个方面的内容。

1）用户需求调查

不同的目标人群，生活方式、审美情趣、消费水平会有很大的差异，对同种功能的产品需求也会不尽相同。例如吸尘器设计，目标人群的区域化差异非常明显：北美洲的客户很喜欢大气、性价比较高的产品；欧洲的大部分客户更看重设计，喜欢线条流畅、细节丰富的产品；同属欧洲的意大利客户更喜欢装饰效果丰富的产品；日本的客户偏好造型简洁、线条柔和的产品。性格差异、年龄差异对产品的影响就更大了，例如进行儿童产品的设计就一定要考虑儿童的差异性，这也导致人机尺寸、材料安全、色彩偏好、功能设定都有一定的特殊性。

　　用户需求调查是指对目标用户的生活背景、生活方式、审美情趣、兴趣爱好进行的调查。它所采用的方法包括问卷调查法、人机工程学法、情景故事法、生活方式参照法和观察访谈法等。通过这些方法，可以深入了解到典型用户的喜好和需求，甚至了解到产品的使用环境、操作方式等。图 2-12 所示的为针对开发一款车载空气净化器运用生活方式参照法所进行的用户需求调查。

人群一

高端商务男士

　　这群人站在社会金字塔的顶端，具有别人难以企及的高学历、高职位、高收入，有着一丝不苟的着装、仪容及缜密、细致、到位的日程表和工作生活计划。他们优雅、低调且忙碌，像现实中一座现代化大城市中的贵族和统治者。

人群一

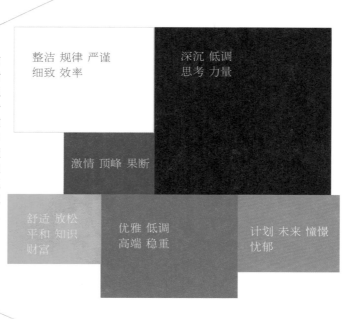

　　经过对高端商务男士的观察和对日常颜色的统计，以及对所占比重的分析，我们将这群人定义为现代大都会中的贵族，产品整体颜色将以较深沉、稳重的颜色为主，同时以红色、黄色、蓝色三色为局部点缀颜色。

整洁 规律 严谨 细致 效率

深沉 低调 思考 力量

激情 顶峰 果断

舒适 放松 平和 知识 财富

优雅 低调 高端 稳重

计划 未来 憧憬 忧郁

图 2-12　针对开发一款车载空气净化器运用生活方式参照法所进行的用户需求调查

人群一

使用物品外形

几何外形简约、柔和、整洁、圆角、侧面反射、亚光、科技感强、现代感强、单色、色彩深沉、质感强、皮质、独特的产品语言、精致。

经过对高端商务男士习惯使用的物品进行调研,我们将以整体简约的外形为主以增强产品外观视觉舒适性和产品空间,同时我们将在产品上点缀性地增加体现男性力量刚强特点的折线活构造型,以及符合商务男士的"胜利 V 字形造型元素"。

人群二

白领女性

白领女性是现代都市女性的典型代表,她们是一座城市中一道亮丽、柔美的风景线,她们像城市中的皇后,她们崇尚女性独立的同时也和普通女性一样脆弱、敏感、感性、温柔,渴望温暖与安全。她们大多受过本科以上教育,具有较高的品位,有点小资情调,对潮流风尚十分敏感。

续图 2-12

人群二

日常色彩及比重

感性 温柔
可爱 性感

整洁 规律
挑剔 纯洁

激情 顶峰 果断

舒适 安逸
柔美 可靠

闪亮 财富 高贵

计划 未来 憧憬
理智 包容

经过对白领女性的观察和对日常颜色的统计以及对所占比重的分析，我们将这群人定义为现代大都会中的皇后，产品整体颜色将以较柔和或艳丽的颜色为主，同时以粉色、红色、金色、紫色四色为局部点缀颜色，以突出现代都市白领女性的知性美。

人群二

使用物品外形

造型整体圆润、柔美、柔和、整洁、圆角、侧面反射、纤薄、轻盈、灵巧、单色、色彩柔和或靓丽、多晶体闪光物或金银色装饰、皮质、精致。

经过对白领女性习惯使用物品的调研，我们将以整体简约、柔美具有 S 形曲线的外形为主以增强产品外观视觉舒适性的同时使产品具有女性柔美的曲线美感，我们也将在产品上点缀性地增加所有女性为之疯狂的钻石等闪亮元素或女性偏爱的花纹元素。

续图 2-12

2）同类产品调查

如今市场上充斥着大量的同类产品，要想确保开发的产品能够在市场上热销，就要对同类产品进行研究，分析产品的亮点在哪里，规避失败产品的风险，发现市场上的产品缺陷，找到机会点。

同类产品调查首先要明确同类型产品的品牌包括哪些，这些品牌各自的特色是什么。对竞争产品进行分析时可以对单个典型性产品案例进行分析，也可以把市场上竞争对手的产品放在一起进行比较，按照产品研发的需求提取相关的关键词，根据关键词再进行分类评估，还可以采用制作矩阵筛选图的方式进行分析，发现这些产品的共性和差异性，把握相关产品的市场发展趋势，发现市场的空白，产生新的机会点，从而明确产品研发的方向。

以车载空气净化器为例：首先从竞争产品的功能、材料、摆放位置、价位、使用方式等角度进行调研评估，然后根据我们的研发方向提取关键词制作矩阵筛选图。对这些产品进行分析、研究能够让我们了解到市场上同类产品的特点，找到了产品消费的动向。

同类产品品牌、造型、色彩分析示例如图2-13所示。

3）使用环境调查

产品是在一定的环境下使用的，产品、人与环境构成一个系统，在进行产品开发的时候要考虑到环境的特殊性，要满足特定环境下人的使用习惯。对于创新产品设计，思考特殊环境下人的需求能产生大量的创意。通过对产品使用环境进行调查，可以使产品的造型设计与环境相协调、产品的尺寸与环境相匹配、产品的功能和结构与特定环境下人的需求相吻合。

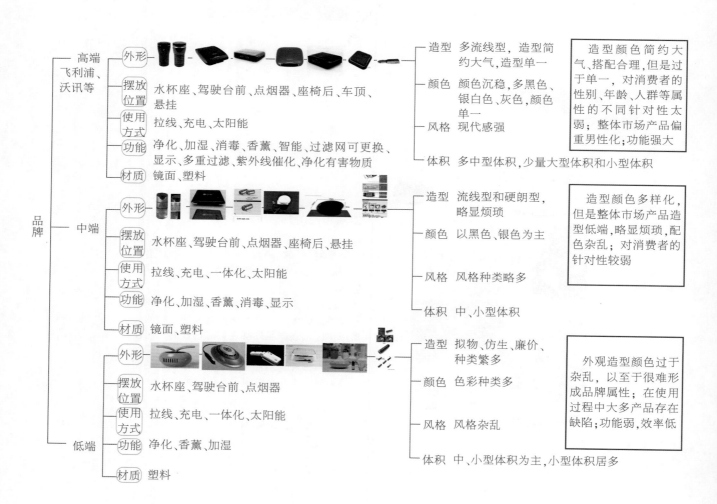

图2-13 同类产品品牌、造型、色彩分析示例

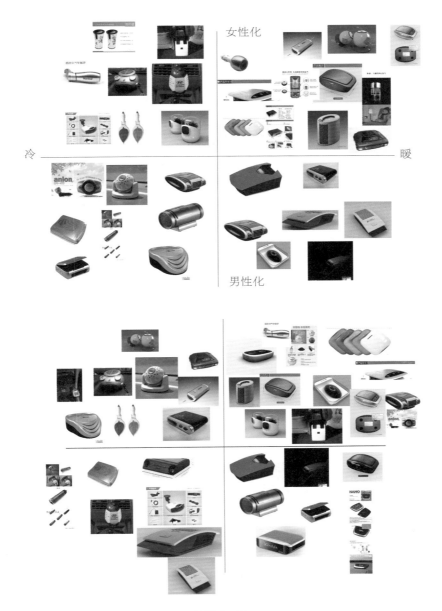

续图 2-13

例如：对车载空气净化器的使用环境进行调查，可以根据不同类型的车辆开发不同类型的产品，如商务类型、家用型、运动型等；同时车载空气净化器的放置方式也要结合汽车内饰的安排进行设定，经调研车载空气净化器可以放置于驾驶台前、水杯槽、座椅靠背处，车载空气净化器的造型尺寸也会因放置点的不同而有所不同。车载空气净化器使用环境调查示例如图 2-14 所示。

4）技术趋势与社会发展趋势分析

技术的发展可以为产品的创新提供可行性，如今随着智能技术、大数据、APP 的发展，市场上产生了很多新的智能化产品，这些产品结合了软硬件技术。因此，产品设计师要对科技发展具备敏感性，尝试着将新技术应用到产品的开发上，进行具体的可行性开发研究。

社会的发展，带来了人们生活方式和生活理念的改变，每个时代的产品都烙上了时代的符号，人们对产品的需求和审美随着社会的发展不断产生变化，在同一个时代因为生活方式的不同也会产生不同的选择。如今在工业化、信息化的时代背景下，人们越来越喜好生态环保的产品，这也是产品设计师进行设计时需要考虑的。

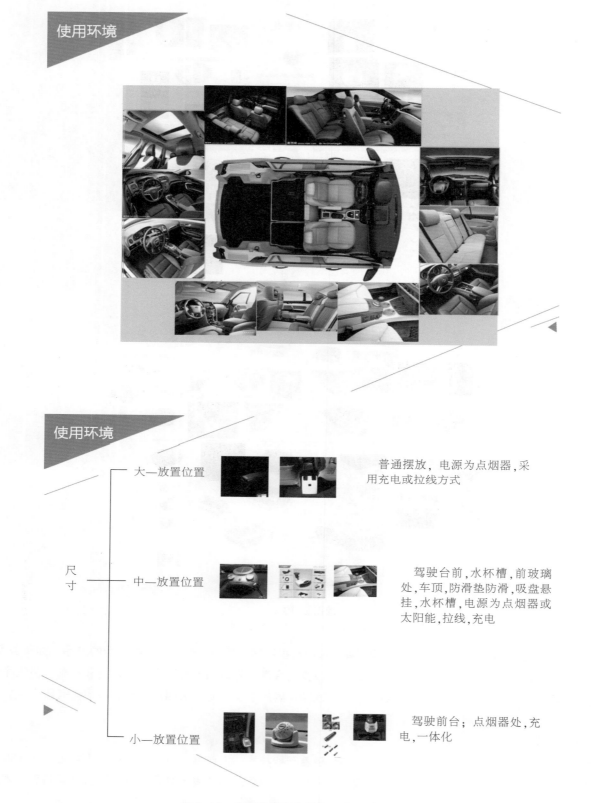

图 2-14 车载空气净化器使用环境调查示例

产品的技术趋势与社会发展趋势分析，可以从产品造型、功能、操作等方面进行，同时可以从别的产品上借鉴创意展开。

2.3.3　设计定位

设计定位的意义可以用一句话明确地概括："目标明确的设计，准确地向消费者传达商品信息，给消费者留下深刻的印象"。设计调研的工作是为了更好地理解产品，找到产品的创新点，从而形成一个明确的设计定位。设计定位在产品开发过程中处于承上启下的地位，产品设计师应在前期设计导入、设计调研总结的基础上提炼出关键信息并将其用于设计创新，用于指导后面产品设计、把握产品开发的方向。

设计定位可以用文字来描述，文字的描述要准确到位，太啰唆会主次不清，抓不到重点，太简短又可能有遗漏，限制产品设计师的思维。不同的设计定位会产生不同的设计结果，如同样是水杯的设计，水杯的改良设计会描述成"时尚、小巧、方便携带的杯子"，产生的作品将会是漂亮、好用的杯子，而水杯的创新设计就可能描述成为"方便饮水的工具"，最终产生的作品不一定具有杯子的造型，创意发散的可能性更大。

设计定位要有针对性。例如：针对的人群可以是儿童、青年人和老年人，也可以是男人或女人，还可以是设计师、商务办公人员或学生等；针对产品的品质，可以定义产品的市场为高端市场、中端市场或低端市场；针对产品的行业特征，产品可以定位为儿童产品、家用产品、医疗产品或工业设备等；针对产品的造型感觉，产品带给人的感觉可以定位为亲切感、趣味性、科技感或品质感等。

以下是一款灯具的设计定位，主题为家居与灯具的结合。

（1）在造型上，以仿生的设计手法进行灯具的设计，以简洁的线条表现现代风格。

（2）在功能上，与日常用品结合以达到灯具的实用性。

（3）在操作上，灯具要有趣味性。

（4）在材料的选择上，选择符合室内现代风格的金属材料或具有科技感的塑料。

（5）在照明的效果上，灯具要能够创造一种满足人们精神需求的照明环境，使环境在光的变化下给人带来一种或温馨或现代的感觉。

产品设计因素要包含人为因素、技术因素、企业因素和社会因素。设计团队可以先采用头脑风暴、文字推导的方式来寻找定位的关键词，然后根据市场、客户的要求找到更适合的设计定位。在进行产品设计时，要尽可能地在设计中体现更多的关键词，使得设计的产品具备广泛的适用性，提高市场占有率。

对于产品形态的设计采用图片罗列的方式可直观地体现产品的形态需求，在这种情况下，可以采用形态意向板的方式进行设计定位的描述，通过相关的图片和场景的描绘联系受众的审美需求，形成产品概念和创新。儿童智能产品的形态意向板如图 2-15 所示。

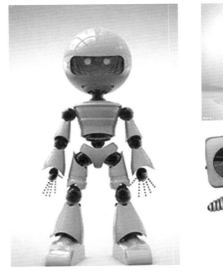

图 2-15　儿童智能产品的形态意向板

设计定位是产品研发的方向，使接下来的设计工作有了明确的目标。

2.3.4 设计提案 ▼

经过文字的描述确定了产品的设计定位，接下来就要把针对产品的形态、功能、材料、结构、风格、色彩等抽象的描述性文字转化成具象的产品概念了。在产品构思的过程当中常会采用一些创意开发的方法，这里暂不展开阐述。

产品概念的生成经常伴有手绘草图、制作草模或者计算机建模的过程，强调动手能力的体现。手绘草图、制作草模和计算机建模的目的是将设计构思表达清楚，让其他人充分理解，同时进行下一步的评估测试，因而三者可以结合起来使用。对于草图的形式，没有太多限定，可以绘制透视图、平面图、细节图、结构展开图、使用情境图等，这些图从不同的方面描述了产品的概念。模型的制作材料比较广泛，纸材、木材、发泡材料、黏土都可以。经过对草图和草模进行研究之后，再针对问题进行修改，如此反复几次之后，就可以清楚地表达出产品的创意、造型、功能和结构效果了。绘制草图、制作草模和计算机建模这些手法各有利弊，草图表达最快，也容易修改，但是在和客户沟通的时候不容易让客户理解。草模直观，可以制作1∶1的效果，便于对尺寸和人机操作进行调整和把握，但是制作时间较长，受材料等方面的限制。计算机建模方便修改，材质、色彩的表现效果较好，且能够看到产品的三维效果，但是也比较耽误时间。

设计提案阶段的工作要紧密连接前一个阶段，要将前期设计定位里面的产品功能、产品环境、使用者需求表现出来。一切的设计都来源于前期的调研，不能只强调表现技法，无论是手绘草图、制作草模，还是电脑效果图表现，都只是表现手法而已。如今工业设计专业的学生在校学习的时候，容易偏向于技能的学习，而忽略设计方法、调研方法的学习，这对其以后踏入工作岗位存在着很大弊端。拥有熟练的表现技巧，学生可以很快地找到工作，但是只能做一些设计辅助工作，而缺少分析能力和创新能力的人走不长远。

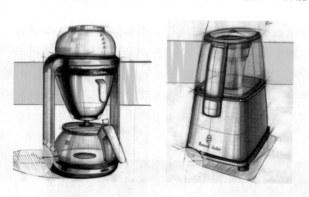

图2-16 草图示例——小家电产品的草图

1. 草图表现方式

草图可以使产品设计师在较短的时间内，用简练、概括的表现技法，准确、生动地描绘出对象的显著视觉特征和整体感觉。草图是一种以观察为基础，以解析为手段，以表现为过程，以创造为目的的绘画形式。通过透视图、平面图、细节图、结构展开图、使用情境图等各类草图，产品设计师可以迅速表达出清楚创意。产品设计师还可以在草图上面用不同颜色的画笔描述不同的材质。清楚、准确的草图能够让团队的其他成员、客户、消费者明白产品生产出来的效果和工作方式。

草图示例——小家电产品的草图如图2-16所示。

2. 草模表现方式

一般在前期的方案草图确定之后就可以制作草模了，草模可以直接将设计的方案物化，是产品设计师常用的工具之一。专业产品设计师的动手能力都很强，草模是所有表现方式里面最直观的，可以充分地表现所设计产品的体量和尺寸，给人带来最直接的体验。产品设计师制作草模除了自己能够直接体验之外，还可以用于与结构工程师、企业主之间进行交流研讨，使最终产生的产品能够规避实际生产中出现的麻烦，减少风险。

图2-17所示的是一款手持电子产品的草模，主体采用发泡材料，容易切削成不同的造型（用来验证产品的大小和形状是否符合手握的尺寸），同时上面的屏幕也可以采用直接绘制或者贴纸的方式验证什么造型最合适，机器表面的按键可以在草模的阶段去进行调整，以验证按键的布局是否便于操作。

图 2-17　一款手持电子产品的草模

2.3.5　方案评审

设计提案之后，团队成员要做一次评估，结合草图和草模，对现有的方案做出筛选，结合前期定位和企业意见，选出最贴近设计定位的方案。

方案评审不能由项目负责人单独决策，应该由设计团队集体决策，并针对某一个产生的问题提出整改意见，以保证设计的质量。产品设计师个人也要能够虚心听取别人的意见，以完善自己的方案。有些产品设计师个性较强，容易坚持己见，否定别人的审美观点，对客户提出的反对意见嗤之以鼻，不愿意修改方案，其实这是产品设计师不成熟的表现，不利于他的职业发展。

一般对企业的设计，设计公司大多会提供三种以上的方案，这三种方案一般是改良类的保守产品方案、识别度高的创新产品方案和有一定创新的提升产品方案。在评估的时候，团队可以采用一些评估手法，如集体投票和矩阵筛选选出深入发展的方向，之后就进入方案深化的阶段。

2.3.6　方案深化

在方案深化阶段，除了要明确产品的造型之外，还要综合考虑材料的使用、色彩的搭配、整体与局部的关系、生产工艺、功能、结构等。在深化方案的时候，一定要及时发现和调整设计缺陷，以避免设计工作在全部完成后再返工。

1. 细节处理

在产品设计中，细节的处理非常重要，细节决定成败。产品设计中的细节表现体现在产品的色彩处理、材质搭配、装饰效果、界面设计、倒角方式、按钮造型等各个方面。每一个细节都影响产品的整体效果，需要我们仔细体会和揣摩，产品的细节设计要考虑整体和局部的关系，细节要起到画龙点睛的效果，而不能喧宾夺主。

再简单的产品都有细节的体现，例如手机的设计看似都是四四方方的，但是在外壳材质、倒角处理、按钮等地方体现出细节的变化。简单到一双筷子的设计也有细节变化，比如截面从方到圆的过渡，筷子表面装饰效果、筷子的材质都有细节上的变化。复杂的产品细节就更丰富了，如图 2-18 所示的两款吸尘器产品，在吸尘器上面的按钮、出风口、分模线等二者做成不同的效果，但是图 2-18 （a）所示的吸尘器造型就比较单调，轮子、出风口的设计缺少细节，面与面的过渡也非常生硬，而图 2-18 （b）所示吸尘器的细节就处理得比较成功，出风口在两侧，充满韵律的造型变化，轮子上的凸凹造型很简单、大气，产品分模线设计得比较流畅，与出风的造型相互呼应。从整体来看，图 2-18 （b）所示吸尘器的整体和细节的处理协调，体现出一种充满张力的机械美感。

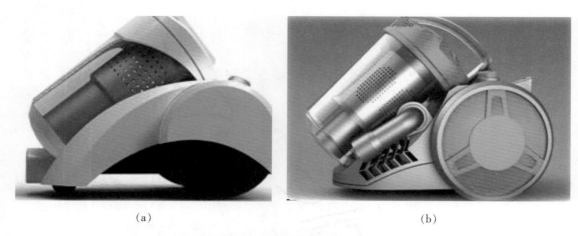

(a)   (b)

图 2-18　两款吸尘器产品

处理细节的时候可以参考以下产品的形式美法则。

（1）比例与尺度：产品的形态必须具备合理的比例与尺度，这是产品功能与形式完美统一的前提。

（2）统一与变化：统一中求变化，产品显得统一而丰富；变化中求统一，产品显得丰富而不紊乱。统一指的是同一个形态要素或者形态特征的多次出现，每种形态要素会表达出不同的形态感受，强调产品线性风格的统一。变化指的是同一个产品中产品形态要素与要素之间的差异性，加强对比、强调重点。

（3）节奏与韵律：各要素有规律、有程序地重复排列，形成整齐一律的美感形式。节奏有强弱起伏、悠扬缓急的变化，表现出更加活泼和丰富的形式感，就形成了韵律。

（4）均衡与对称：对称与均衡反映事物的两种状态，即静止与运动。对称具有相应的稳定感，均衡则具有相应的运动感。

（5）稳定与轻巧：在产品设计中追求稳定与轻巧的美感与很多因素有关，如物体的重心、底面接触面积、体量关系、结构关系、色彩分布、材料质地、装饰线条等，但形式要追随功能，稳定是前提，要将实用理念与外在的形式结合起来，使造型达到和谐、统一。

（6）对比与调和：指的是产品各个部分之间、部分与整体之间、形状与大小的对比和调和。产品轮廓线、分割线、结构线、装饰线等形成曲线与直线、长线与短线等的对比与调和。

（7）过渡与呼应：在产品设计当中，对于汽车、吸尘器之类的产品，由于空间结构复杂，转面较多，往往要考虑面与面之间的过渡，这时就需要采用过渡与呼应的手法进行处理，以获得统一的形象。

2. 与生产制造的协调

在实际的项目当中，在方案深化的时候不仅要考虑效果，而且还要考虑概念与技术实现上的配合。很多时候产品的设计会和生产制造产生矛盾，所以最好在设计的初期就和工程师进行深入的沟通，沟通不一定会存在分歧，而且工程师能够帮助产品设计师更好地理解产品，使产品设计师产生更多的创意。如果前期沟通不好，工程师或者生产制造方就会说结构实现不了、生产工艺达不到、成本太高等问题，后期即使根据需要做了尺寸、结构或者比例上的改动，产品设计师也往往很郁闷，感觉自己设计的作品面目全非，没有美感了。

产品设计师要在进行产品深化的时候应仔细研究产品的模具是否可行，这要求产品设计师能够懂得一些材料知识，如金属冲压、锻造、压力铸造等工艺，塑料产品注塑、脱模、分模线设计、吸塑等工艺，木质材料加工、榫卯结构等工艺，以及纸质、竹质等材料的加工工艺。了解材料不仅能够帮助产品设计师更好地完善产品细节，而且能为产品设计带来新的思路。不同的材料除了功能不同之外，给人的心理感受也不相同，如木质给人环保、温馨的感觉，皮质给人高档、舒适的感觉，不锈钢给人时尚感等。产品设计师在设计产品的时候可以根据设计定位的不同选择合适的材料，可尝试应用新材料。

3. 与客户需求的协调

客户的需求和满意度是产品设计师进行设计时首先需要考虑的，产品设计师在做方案、想创意的时候并不痛苦，往往在后期客户要求改来改去时被弄得心烦意乱。这可能是双方的原因：一是产品设计师本身对客户需求的定位不准；二是客户自己都不是很清楚自己想要什么样的方案，审美能力不够，缺少长远发展的眼光。产品设计师碰到主观意识特别强的客户，往往被客户牵着走，最后做出来的东西自己不喜欢客户也不一定会满意。所以，产品设计师在确保产品满足人文因素、社会因素、价值因素、生产因素等前提之后，要坚持自己的立场，要想办法去打动客户，做好设计方案的呈现，把握客户的心理。产品设计师在呈现设计方案的时候要考虑表达的设计风格，充分利用灯光、背景图、合适的产品角度、适当的平面设计元素和文字处理烘托产品。设计方案呈现示例——挖掘机方案效果图呈现如图 2-19 所示。

图 2-19　设计方案呈现示例——挖掘机方案效果图呈现

2.3.7　电脑效果图表现

计算机辅助工业设计是利用计算机来进行产品的二维构造或三维构造的一种设计。其实工业设计表现技法多种多样，草图、手绘板、二维效果图、三维建模图、渲染都可以作为表现的方式。如今科技发展速度很快，越来越多的新技术用于工业设计领域。十几年前产品的效果图还是手绘完成的，而如今 VR 技术广泛应用到设计表现当中，我们可以使用 VR 眼镜，在三维空间里面直接绘制草图。

1. 二维效果图

二维效果图常用在扁平类产品的表现上，比如手机、医疗器械等，其优点是制作的过程快、容易修改、不用渲染就可以看到效果，缺点是不容易绘制产品的立体透视图，细节处理不方便，所以二维效果图一般用在产品的前期表现上面。图 2-20 所示的是直立吸尘器二维效果图。

2. 三维建模

三维建模应用广泛，可以用在前期的形态分析上面，也可以用在后期的效果图制作方面，还可以用在动画设计、产品结构演示等方面。

前期的形态设计应该在草图方案完整的情况下展开，如果草图只是绘制个大概就直接建模，除非是专业能力很强的产品设计师可以一步到位，一般的产品设计师往往会出现形态细节反复更改、结构尺寸不合理等情况，会浪费大量时间。

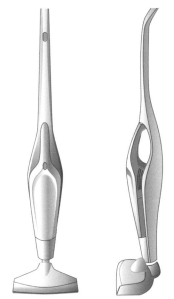

图 2-20　直立吸尘器二维效果图

建模熟练的产品设计师完成一款复杂产品的建模需要一天的时间，而建模水平一般的产品设计师则需要更长的时间，建好模型之后再去修改产品细节的设计会得不偿失。反之，用手绘的方式表达清楚产品的各个细节会大大节省工作时间。尤其是在前期方案概念设计阶段，手绘更适合大量地绘制创意草图，形成几种甚至几十种方案，建模不可能把所有的创意方案一一完成。

2.3.8 模型制作 ▼

模型不同于前期的草模，它是在效果图方案确定之后使用 CNC（数控机床）加工或者 3D 打印（3DP）技术制作而成的，模型能够给产品设计师和使用者带来最直观的体量感觉。在模型制作阶段做的模型是在产品模具制作之前设计团队用来评判产品外观和机构的，它是机器制作的，已经比较精细，能够真实地反映产品的外观、色彩、结构、分钟、分型线、材质等相关特征。模型的作用很大，能够向客户展示真实的产品，给相关人员提供检测的实物，有助于修正前期设计上的细小出入，避免在模具制造的环节中出现问题，可以节省大量的成本。因为使用 CNC 加工或者 3D 打印技术制作模型都需要三维的建模文件，所以我们制作的三维模型应尺度准确、面的质量好。如今，产品模型的制作工艺越来越好，模型的质量越来越精细，表面处理也越来越好。

CNC 是计算机数字控制机床的简称，是一种由程序控制的自动化机床。该机床能够逻辑地处理具有控制编码或其他符号指令规定的程序，通过计算机将其进行译码，从而执行规定好了的动作，通过刀具切削将毛坯料加工成半成品或成品零件。3D 打印技术是快速成形技术的一种，它是以数字模型文件为基础，运用粉末状金属或塑料等可黏合材料，通过逐层打印的方式来构造物体的一种技术。

3D 打印通常是采用数字技术材料打印机来实现的，常用于在模具制造、工业设计等领域制造模型，后逐渐用于一些产品的直接制造。目前已经有使用这种技术打印而成的零部件。

制作模型用到的材料有 ABS 板、木料（三合板等）、油泥、聚乙烯（热塑性树脂，又称为玻璃钢）、泡沫等，其中 ABS 板的使用较为普遍，ABS 板加工起来也相对简单，在模型展中，大部分模型是用这种材料制作的。ABS 是一种综合性能良好的树脂，在热变成形方面占有较大优势，而且其表面光洁度好，比较容易涂色和装饰。需要注意的是，板材在塑形的时候加热一定要均匀，温度要适宜（过高容易被模具压破，过低则不容易成形）。用 ABS 材料制作的样品模型如图 2-21 所示。

图 2-21 用 ABS 材料制作的样品模型

另外一种常用的材料就是油泥，油泥在常温下质地坚硬细致，可精雕细琢，适合精品原型、工业设计模型制作。油泥对温度敏感，微温可软化，便于塑形和修补。新产品薄片精雕泥土，不沾手、不收缩，精密度高，用手温即可软化，塑形简便，适合教室教学习作。需要注意的是，油泥有轻微的毒性，加热使用时注意通风，加热工具首选烤箱（加热均匀），电吹风可辅助修形使用，不适合做大体块的加热工具。油泥价格较贵，一般在制作油泥模型时要制作模型的大体骨架，将软化的油泥敷在骨架上面，冷却后用刻刀等雕刻工具进行修形。油泥的优点在于成形方便，可随意切削、填补，可以很好地表现模型的细节，缺点是冷却后的油泥比较坚硬，不好修改。用油泥制作的样品模型如图 2-22 所示。

图 2-22　用油泥制作的样品模型

　　产品模型根据用途分为外观模型、功能结构模型和展示模型三类。

　　外观模型主要是用于外观的研讨，能真实地表现产品的体量和尺度、产品的造型细节，有的外观模型还表现出产品的配色、材质。为了节省成本，可以用 CNC 加工发泡模型研究产品的造型，但这可能要经过多次研究才能确定产品的最终效果。

　　制作功能结构模型的主要目的在于实现产品的功能，确保各个部件之间能够顺利衔接。功能结构模型还可以用于产品结构的强度测试。功能结构模型制作好之后可以把零配件组装进去，测试产品的运转情况，有的功能结构模型还需要测试产品的散热情况，确保产品能够真实地正常运转。

　　顾名思义，展示模型主要是用于参加展会、对外宣传的产品模型，因而对其精确度和表面处理工艺要求更高，有的展示模型故意强化表面装饰，它不同于真实的投产产品，主要目的是吸引人的眼球。

项目 3

产品设计创新
思维与方法

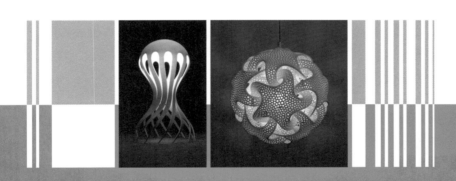

CHANPIN SHIJI
CHUANGXIN
SIWEI YU
FANGFA

创新的概念由 1912 年经济学家约瑟夫·熊彼特在他的著作《经济发展理论》中首次提出。约瑟夫·熊彼特认为，创新就是把生产要素和生产条件的新组合引入生产体系，即建立一种新的生产函数，其目的是获取潜在的利润，创新是一个具有潜在性的系统工程。如今，创新被定义为：是指以利用现有的思维模式提出的有别于常规或常人思路的见解为导向，利用现有的知识和物质，在特定的环境中，本着理想化需要或为满足社会需求，而改进或创造新的事物、方法、元素、路径、环境，并能获得一定有益效果的行为。

创造性思维是一种反映事物本质属性及内在、外在之间的有机联系，具有新颖的广义模式的一种可以物化的思想心理活动，即从新的思维角度、程序和方法来处理各种情况、各种问题，从而产生新成果的思维过程、思维活动。创造性思维是通过具体的工作，通过具有独特的、标新立异的、富有想象力的物质产品和精神产品体现出来的。工业设计以设计输入和设计分析为基础获取创意，设计输入和设计分析至关重要。

创新是针对物或者事而言的，创造性思维是针对创新的主体人而言的。

>>> 任务 1
产品创新切入点

图 3-1 新材料在汽车设计上的应用

产品设计中的创造性是通过根据现代人们生活、工作、情趣等的需求，以前所未有的生活、生产工具、用品的创造——新产品体现出来的，或者是通过在原有产品的基础上进行优化，使其更节能、使用更方便、功效更完善、外观更具艺术化魅力——以新的品质体现出来的。

工业设计的创新是指将新技术、新材料、新工艺、新理念等成功地引入市场，以实现其商业价值的创新。图 3-1 所示的新材料在汽车设计上的应用就是一个工业设计创新的实例。产品技术上的创新是较常提到的，但是如果没有出现新技术、新材料、新工艺产品，如何能够使企业的新产品在行业中立于一席之地，受到市场的喜爱，也是我们要探讨的创新方式。其实技术创新是很难的，大部分的创新产品都是产品设计师将技术、人文、美学进行整合优化的结果。工业设计是通过对很多个理论、概念、想法和创业进行整合，然后将材料、工艺和技术进行组合并不断地进行升华和系统性创造，并最终形成产品的一种设计。产品的创新一方面可以为企业带来利润，另一方面会令使用者精神愉悦，幸福感增强。

产品设计师可以从产品的技术特点、使用方式、材料工艺、造型语言、市场需求等角度来进行创意，实现产品的创新。

3.1.1 使用方式的创新

产品是供消费者使用的，社会的发展、人们生活方式的改变导致产品的使用方式也在发生变化，使用方式的创新可以重新定义产品，甚至重新定义行业的标准。产品的使用方式和很多因素有关，如技术水平、操作习惯、结构方式等。例如灯的操作方式，从最早的灯线拉动开关，后来发展到实体按键开关，如今发展到触摸感应式按键，甚至声控按键等。灯具的多样化操作方式如图 3-2 所示。

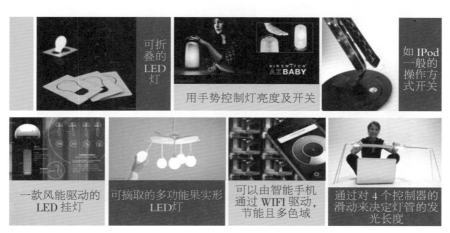

图 3-2　灯具的多样化操作方式

3.1.2　结构创新与功能创新

在工业设计史上，曾经很长一段时间强调产品设计形式服从功能，这充分体现出了产品结构功能的重要性。不过产品功能主义过分强调产品本身的功能性，而忽略了人的需求，如今的产品设计强调以人为本，主张形式服从体验，产品的功能和结构需要适应人的需求。如今市场上的各类产品极其丰富，在各个产品领域里进行纯粹的产品功能创新和产品结构创新都有一定的难度，一般都是进行功能和结构的优化，只有在产品创新概念设计里面才会出现结构与功能的完全创新。结构的创新是建立在功能明确的基础上的。功能的创新分为单一功能性产品的创新和功能整合式产品的创新两种。图 3-3 所示的灯具的不同功能即体现出单一功能性产品的创新。图 3-4 所示的多功能智能产品则体现出功能整合式产品的创新。如今很多智能产品都整合了电话、视频、音响、灯光等功能，通过功能的整合实现了功能的创新。

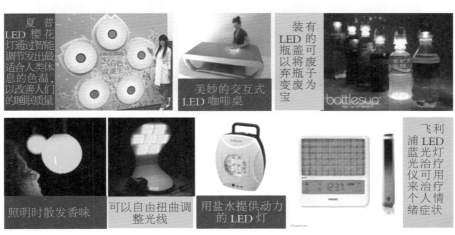

图 3-3　灯具的不同功能

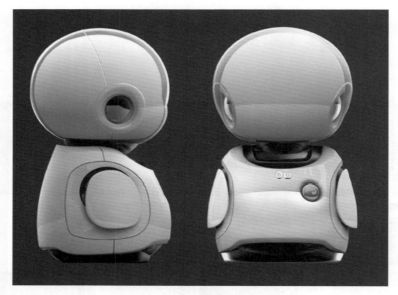

图 3-4　多功能智能产品

3.1.3　材料工艺创新 ▼

很多产品的创新都基于新材料或者新工艺的应用。目前市场上大部分的产品都是由塑胶和钣金材料制成的，所以产品设计师了解塑胶产品和钣金产品的生产工艺（如注塑工艺、金属折弯工艺等）非常重要，还有很多材料比如竹子、木头、纸、玻璃等的加工方式，产品设计师也要根据需要去深入了解，以确保设计产品的时候能够合理地利用材料来创新。图 3-5 所示的是采用 3D 打印技术生产的灯具，它们不同于采用传统材料和工艺的灯具，造型更加千变万化。

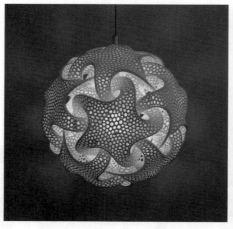

图 3-5　采用 3D 打印技术生产的灯具

3.1.4　造型元素创新 ▼

大部分产品的创新都是造型元素的创新，这是因为在行业技术趋同的背景下，企业通过产品造型创新和成本把控进入市场，能够快速取得利润，符合商品生命周期的规律。工业产品的造型元素来源于设计需求调查和设计分析。我们不能简单地用高端、大气、上档次来形容产品的造型风格，而要用符合行业标准的形容词来明确造型的定位，如科技感、品质感、时尚感、运动感、价值感、时代感等词汇。

明确了造型定位，就可以根据具体的形容词进行造型元素创新。例如：体现时代感的造型元素应该是这个时代各类产品所体现的符号特征的总结，当然在同一个时代也有不同的文化特征，例如无印良品的设计就体现出一种"空"的禅意美学，在它的产品造型和色彩上就有很多共性，如纯粹的表面处理、柔和的圆角、摒弃一切装饰等；科技感来源于人们对未来科技的追捧和构想，它代表了人们对新技术、新领域的新鲜感和好奇心，具有科技感造型的产品也是如此，能够让人们体会到使用产品时的一种成就感；品质感源于人们对上流生活品质的向往，使用具有品质感的产品是对自我身份的一种认同，产品上的这种高品质的体现是人们高品质生活的反映。

具有时代感、科技感、品质感的汽车如图3-6所示。

（a）具有时代感的汽车　　　　　　（b）具有科技感的汽车　　　　　　（c）具有品质感的汽车

图3-6　具有时代感、科技感、品质感的汽车

任务2
创 新 思 维

创新思维是指以新颖独创的方法解决问题的思维过程，通过创新思维能突破常规思维的界限，以超常规甚至反常规的方法、视角去思考问题，提出与众不同的解决方案，从而产生新颖的、独到的、有社会意义的思维成果。发散性思维和收敛性思维是最常用、最基本的创新思维方法。

3.2.1　发散性思维

发散性思维也称为求异思维、辐射思维。它是不受现有知识和传统观念的局限与束缚，从某一研究和思考对象出发，充分展开想象的翅膀，朝着不同的方向、多角度，运用对比联想、接近联想和相似联想去思考、探索的思维形式。例如，美国历经百年风化的自由女神像翻新后，现场有200吨（1吨=1 000千克）废料难以处理，一位名叫斯塔克的人负责处理废料这一苦差事，他对废料进行分类处理，把废铜皮铸成纪念币，把废铅、废铝做成纪念尺，把水泥碎块、配木装在玲珑透明的小盒子里作为有纪念意义的旅游品供人选购，这些从一文不值、难以处理的垃圾中开发出来的创新性产品由于与自由女神像有联系，所以十分俏销、身价倍增，斯塔克也由此大获其利。这种变废为宝的发散式创新行为，启迪着许多企业家的产品开发行为。

发散性思维集中表现在产品设计中的草图构思阶段。草图构思阶段的结果，往往决定新产品开发的品质和成功率。因此，可以这样说，发散性思维的能力是产品设计师设计能力水平的主要基础。

发散性思维导图如图3-7所示。发散性思维草图如图3-8所示。

图 3-7　发散性思维导图

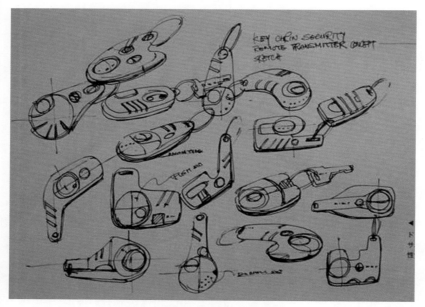

图 3-8　发散性思维草图

3.2.2　收敛性思维

收敛性思维又称为聚合思维、求同思维、辐集思维、集中思维。收敛性思维的特点是思维始终以某一思考对象为中心，从不同角度、不同方面将思路指向该对象，使思维条理化、简明化、逻辑化、规律化，以寻求解决问题的最佳答案。在设计的实现阶段，这种思维形式往往占主导地位。收敛性思维与发散性思维如同一个钱币的两面，是对立的统一，具有互补性，不可偏废。实践证明，在教学中，只有既重视培养学生的发散性思维，又重视学生的收敛性思维，才能较好地促进学生的思维发展，提高学生的学习能力，培养出高素质人才。

收敛性思维草图如图 3-9 所示。

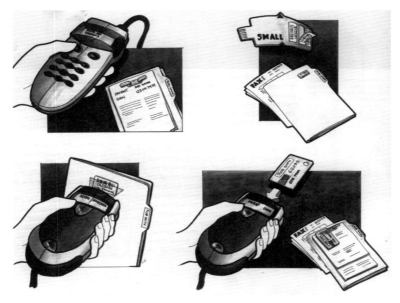

图 3-9　收敛性思维草图

3.2.3　不同设计阶段的创新思维方法

1. 设计调查阶段

设计调查是必需的，产品设计师不能只凭借自己的直觉和灵感来进行设计，只有专业的设计调查才能体现工业设计的价值，保证所设计的产品能够适应市场的需求。市场调查和设计调查不完全一样：市场调查只是设计调查的一部分，市场调查更偏向于经济学、统计学和市场营销方面的调查，更适合用于产品的推广、定价和销售；设计调查所涉及的领域更广泛，调查的对象包括人、产品和环境。另外，进行设计调查时运用的方法很多，前期的数据采集可以用面谈采访法、现场观察法、焦点小组、问卷调查法等方法。

一般来说，在开始设计调查之前要首先明确调查的目的是什么，最后的调查要取得一个什么结果。调查的对象在刚开始的时候也要确立，明确地划分人群，找出显性的用户群体和隐性的用户群体。调查的内容要紧扣调查目的，要根据项目的不同采用不同的调查方法，正确地运用方法，以取得我们想要的前期调查数据。常见的几种设计调查方法如下。

1）面谈采访法

面谈采访法是指通过访员和受访人面对面地交谈来了解受访人的心理和行为的一种心理学基本研究方法。由于研究问题的性质、目的或对象不同，面谈采访法具有不同的形式。根据访谈进程的标准化程度，可将它分为结构型访谈法和非结构型访谈法两种。面谈采访法运用面广，能够简单且迅速地收集多方面的工作分析资料，因而深受人们的青睐。面谈采访法通过访员和受访人面对面的交流，访员有针对性地提出一些问题，让受访人回答，从而获取想要的信息。在现实生活中，很多职业都有采访和被采访的需要，比如记者、电话推销员、律师等，面谈采访法广泛适用于教育调查、求职、咨询等，它既有事实的调查，又有意见的征询，所以更多用于个性、个别化研究。通过面谈采访法，设计团队能够获得关于产品和使用者的重要信息，了解受访人的态度和动机，获取大量的数据。

面谈采访法好像实施起来很简单，但是真正好的采访不容易做到，必须要事先设计好访谈的过程和内容，同时在访谈的过程当中访员必须"像谈话节目主持人一样去交流，像作家一样去思考，像心理医生一样理解潜台词，像音乐家一样去聆听"。

面谈采访图如图 3-10 所示。面谈采访法的一般步骤如下。

图 3-10 面谈采访图

（1）确定选择受访人的标准。

（2）提前准备好问题和提纲。

（3）介绍自己和采访的目的，获取受访人的认同。

（4）可以从最容易的问题入手，营造轻松的氛围。

（5）准确捕捉信息，及时收集有关资料。

（6）适当地做出回应，保持客观。

（7）引出想要知道的细节故事。

（8）及时做好访谈记录，一般还要录音或录像。

面谈采访法具有了解内容深刻、运用面广、具体且准确等优点，但是也有些缺点：一是访谈的技巧不容易掌握，访员需要经过专门训练；二是工作成本太高，费时、费力；三是受访人不一定会说出内心的真正想法；四是采访的结果标准化程度低，难以进行定量分析。

2）现场观察法

现场观察法是指研究者根据一定的研究目的、研究提纲或观察表，用自己的感官和辅助工具去直接观察被研究对象，从而获得资料的一种方法。采用现场观察法时，研究者一般利用眼睛、耳朵等感觉器官去感知观察对象。由于人的感觉器官具有一定的局限性，研究者往往要借助各种现代化的仪器和手段，如照相机、录音机、显微录像机等来辅助观察。

如果被观察人知道自己被观察，其行为可能会有所不同，观察的结果也就不同，调查所获得的数据也会出现偏差。潜伏观察可以在不为被观察人所知的情况下监视他们的行为。这种方法不需要与被观察人直接沟通，无须和被观察人说话也可以了解大量的信息。通过潜伏观察可以了解目标人群的行为、言论、穿着、使用的产品、与别人的互动等信息，潜伏观察是最直接的获得情景意识的方法。

图 3-11 所示的照片反映的是对老年人出行的行为，这两张照片都是在公共环境下拍摄的，设计团队采用这种方法可以更好地了解老年人出行会遇到的问题，最终为老年人无障碍出行设计出一系列产品。

现场观察法的一般步骤如下。

（1）确定选择要观察的人和任务。

（2）确定研究所需的空间地点。

（3）制订好观察提纲。观察提纲应力求简便，只列出观察内容、起止时间、观察地点和观察对象即可。

（4）准备观察和记录用的工具设备（用于捕捉整个过程和片段）。

（5）集中精力进行多角度观察，准确捕捉信息，观察与思考相结合。

（6）按照计划实行观察，通过照片、笔记等方式做好详细记录。

（7）整理、分析、概括观察结果，得出结论。

现场观察法的优点是，能够在自然的状态下观察，直接获得资料，比较真实，能够收集到一些无法言表的材料。现场观察法的缺点有三个：一是受时间、地点的限制，在某一段时间发生的事情具备偶然性；二是受观察对象的限制，并不是所有观察对象的行为都是可以被观察到的，有些具备隐蔽性的行为不容易观测；三是受研究者自身的限制，研究者只能观察外表现象和某些物质结构，不能直接观察到事物的本质和人们的思

图 3-11 老年人出行的现场观察照片

想意识。

　　3）问卷调查法

　　问卷调查法也称为书面调查法、填表法，是用书面形式间接收集研究材料的一种调查手段，是通过向调查者发出简明扼要的征询单（表），请示填写对有关问题的意见和建议来间接获得材料的一种方法。问卷按照问卷的设计形式可分为结构问卷、无结构问卷、半结构问卷三大类，按照问卷是否由被调查者自己填写又可分为代填问卷和自填问卷两大类。代填问卷一般用在当面访问填写问卷过程当中，自填问卷又可细分为报刊问卷、网络问卷和邮寄问卷三种。

　　问卷的内容一般包括以下几个部分。

　　（1）问卷的题目，可以是具体的也可以是抽象的。

　　（2）封面短信，介绍调查者的身份、调查者的单位信息、调查的目的和调查的内容。

　　（3）指导语，对填表的方式进行说明，目的是让被调查者知道该怎样填写。

　　（4）问题和答案，这是问卷的主体，问题可以分为开放式问题和封闭式问题两种。

　　（5）编码，给每一个问题及答案编上数码，便于后期数据统计。

　　问卷调查法的优点有四个：一是可以在有限的时间内获取大量的资料，省时、省力、省钱；二是不受空间的限制，可以通过网络的方式进行全国的调研；三是便于定量分析和研究，对于问卷内的封闭式问题，可以将调查所得到的答案进行编码，输入计算机，进行定量处理分析；四是具备匿名性的特点，被调查者不用署名、不用见面，减轻了他们的心理压力，便于他们如实地回答敏感的问题。

　　问卷调查法的缺点有三个：一是只能获得有限的书面信息，问题和答案是固定的，很难展开，对于复杂多变的课题来说很难取得预期成果；二是回收率和有效率较低，且数量不足的问卷不能得出准确的信息；三是设计类问卷需要了解用户的意图和动机，很难直接在设计问卷的时候就考虑进去，需要前期结合访谈、观察的方法进行。

　　老年人出行产品调查问卷如下所示。

老年人出行产品调查问卷

您好：

　　非常感谢您能在百忙之中抽出时间填写这份调查问卷，此卷是为了了解老年人的出行方式而设计的，希望您认真地填写这份调查问卷，在合适的字母下打"√"，答案没有对错之分。在此，我们对您给予这一调研工作的帮助表示诚挚的感谢！

　　1. 您的性别是

　　A.男　　　　　　　　B.女

　　2. 您的年龄是

　　A.55~65 岁　　　　　B.65~75 岁　　　　　C.75~85 岁　　　　　D.85 岁以上

　　3. 您是否有身体上的残疾

　　A.是　　　　　　　　B.否（跳过第4~6题）

　　4. 您的残疾类型是（可多选）

　　A.视力残疾　　B.智力残疾　　　　C.肢体残疾　　　　D.听力语言残疾　　　　E.精神残疾

　　5. 您的残疾强度是

　　A.一级（重度），完全不能或基本上不能完成日常生活活动

　　B.二级（中度），能够完成部分日常生活活动

　　C.三级（轻度），基本上能够完成日常生活活动

　　6. 您认为残疾对自己出行的影响程度是

　　A.严重　　　　　　B.较严重　　　　　　C.影响不大　　　　　D.不影响

7. 您所在的住区是

  A.农村　　　　　　　B.城郊　　　　　　　C.市中心　　　　　　D.其他

8. 您的家庭状况是

  A.独居　　　　　　　B.和配偶　　　　　　C.三口之家　　　　　D.四口以上

9. 您最近一个星期在本地出行的频率是

  A.3 次及以下　　　　B.4~6 次　　　　　　C.7~9 次　　　　　　D.9 次以上

10. 您一般的出行目的是（多选）

  A.买菜　　　　B.接送小孩　　　C.去医院　　　D.娱乐　　　E.会友　　　F.其他

11. 您平时出门选择的出行方式是

  A.步行　　　　　　　B.使用交通工具　　　C.两者结合

12. 当您选择交通工具时，您会选择哪一种工具

  A.自行车　　　　B.摩托车　　　C.公交车　　　D.出租车　　　E.私家车　　　F.其他

13. 选择出行方式时主要考虑的因素是

  A.暂时　　　　　　　B.省钱　　　　　　　C.根据自己的体力　　D.其他 _____

14. 您在乘坐公交车时遇到的问题是（多选）

  A.等车　　　　　　　B.拥挤　　　　　　　C.有人让座　　　　　D.没人让座

  E.有小孩　　　　　　F.空气混浊，气味大　　G.其他 _____

15. 您喜欢在一周中的什么时间出行

  A.周一到周五　　　　B.周四到周五　　　　C.周末　　　　　　　D.看情况

16. 您喜欢在一天中的什么时间出行

  A.早上　　　　　　　B.下午　　　　　　　C.晚上　　　　　　　D.看情况

17. 您平时出门交通是否方便

  A.很不方便　　　　B.不方便　　　　C.一般　　　　D.较方便　　　　E.很方便

18. 您最近一个星期因缺少交通工具而取消的出行次数是

  A.1~2 次　　　　　　B.3~5 次　　　　　　C.5 次以上

2. 设计创造阶段

  设计创造是解决问题的过程，期间要用到发散性思维和逻辑性思维：在对事物进行分析的基础上先进行发散性思维，提出大量的创意，再用逻辑性思维去归纳、筛选、深化。设计是解决问题的手段、过程和结果，运用创新思维可以帮助我们去发现问题、解决问题。最终的设计结果既可能是一款实体产品，也可能是一个系统或服务。设计创新的关键是要打破思维中固有的枷锁，破除旧的观念，树立新的概念。例如水杯的设计，一般的做法就是设计高矮胖瘦不同、造型不同的杯子。如果换个角度来看，凡是可以喝水的工具都可以称为杯子，就可能会出现完全不像杯子的产品了，产品的形式不再受到束缚。科技的发展也是如此，不断地挑战旧的理论体系，形成了新的理论，推动了世界的发展。

  设计思维方法可以帮助产品设计师拓展思维、展开想象力。一个产品设计师不能只相信自己的直觉和天赋，而要掌握一些正确、有效的思维方法，并将它们运用到设计方案中，只有这样，产品设计师才能持久地保持创造性。常用的设计创新阶段的思维方法有很多，比如头脑风暴法、思维导图法、属性列举法、目的发散法、情景故事法、体验图法等。

1）头脑风暴法

  头脑风暴是一种发散思维的过程，用联想的方式刺激大脑，以产生更多的创意。它是一种针对特定的主题展开的创造性思维方式，广泛地应用在解决问题过程当中。头脑风暴的参加者不应该受任何条条框框的限制，放松

思想，让思维自由驰骋，从不同角度、不同层次、不同方位大胆地展开想象，尽可能地标新立异，提出独创性的想法。

使用头脑风暴法必须要注意的是，开始的时候主题要明确，一定要鼓励参与者自由发表言论，不当场做评判，追求讨论结果的数量，之后再用投票或者重要性 – 困难度矩阵的方式去筛选方案。

2）思维导图法

思维导图，又称为心智图，是表达发射性思维的有效的图形思维工具。思维导图示例如图 3–12 所示。思维导图比头脑风暴更具备逻辑性，简单而且有效，符合人类的思维习惯，可探索更深层次的思维。思维导图具备放射性展开的特点，把各级主题的关系用相互隶属与相关的层级图表现出来。思维导图充分运用左右脑的机能，利用记忆、阅读、思维的规律，协助人们在科学与艺术之间、逻辑与想象之间平衡发展，从而开启人类大脑的无限潜能。思维导图因此具有人类思维的强大功能。

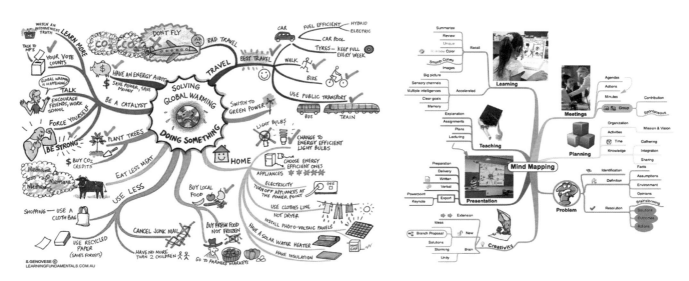

图 3–12 思维导图示例

思维导图是有效的思维模式，利于人脑扩散性思维的展开。思维导图已经在全球范围得到广泛应用。

使用思维导图法，可以像绘制城市地图一样，先绘制一个大的主题的全景图，然后对每一个路线做出选择，继续深化将要去哪里。色彩可以使得思维导图更加清晰，画得漂亮的思维导图更吸引人思考、发散下去。同时，绘制思维导图时，可以运用图文并重的技巧，将主题关键词与图像连接。因此，绘制思维导图需要准备一些工具，包括空白纸张、彩色水笔等。

绘制思维导图的第一步是取出一张白纸，在纸的中间画出或写出主题，第二步是从中心开始绘制一些发射状的粗线条，注意每个线条用不同的颜色，最好绘制弯曲的线条，在每条线上写上关键词或者绘制图形，第三步是在每个关键词上面发展出更多的线条。

3）属性列举法

属性列举法也称为特性列举法，是美国尼布拉斯加大学的克劳福德教授所提倡的一种著名的创意思维策略。此法强调分析的过程，将一种产品的特点列举出来，制成表格，然后针对每项特性提出改良或改变的构想，再把改善这些特点的事项列成表。属性分析法适用于产品的改良设计，特别适用于老产品的升级换代。属性列举法有利于对问题的所有方面做全面的分析研究。

事物的属性可以分为三种：名词的属性（包括全体、部分、材料、制法）；形容词的属性（包括性质、状态等）；动词的属性（包括功能等）。从这三个角度进行详细的分析，然后通过联想，看看各个属性能否加以改善，寻找新的解决问题的方案，变换后的新特征与原有的其他特征组合可得到新的产品。

例如如果选择以童车为课题，那么，列出的属性如下：名词的属性既可指车身、车把、车座，也可指木质、塑料、金属等；形容词的属性指轻、重、大、小、彩色等；动词属性指滑行、骑行等。从这些属性点当中，找到一个问题，比如童车整体不好收纳，是否可以考虑加入折叠结构。

属性列举法包括希望点列举法和优缺点列举法两种。

产品设计的希望点列举法有两个希望：一是根据人们在生活中碰到困难和不足希望有某种产品、物品帮助解决，即设计产生出全新产品的希望；二是对现有产品提出进一步的优化希望。

优缺点列举法是对已有产品从各个角度进行审视分析，保持、利用优点、长处，以新的设计修正、改善不足，从而设计出新产品的一种方法。使用该法时，一般对产品的外观造型的时尚性，结构、功能的合理性，以及材料的经济性、环保性进行重点分析。优缺点列举法是产品设计常用、有效、快速的方法之一。

4）目的发散法

目的发散法是在明确问题的基础上，用目的和手段加以体系化的发散创意法。目的发散法是无规律发散（思维导图、头脑风暴）的变种，是一种有逻辑的发散性思维方法。目的发散法首先要考虑商品的目的，比如要设计出一款水杯，水杯的主要目的是为了饮水方便，然后要考虑到达到此目的的手段，比如可以不用抬头就能喝水、很容易喝到温水或凉水、冲泡茶水方便等。需要说明的是，这些是方法、手段，同时也是目的，因而需要进一步考虑达到这些目的的手段是什么。针对可以不抬头就能喝水这个目的，可以给杯子配置吸管，为了方便喝到温水或者凉水，可以增加杯子的保温功能，或者通过特殊材料实现冷热水转换，例如55℃杯，为了冲泡茶水方便，可以内置泡茶区域，分离茶叶与水等。如果要延伸茶杯的功能，要求茶杯不仅使饮水方便，而且要让杯子的使用方式更有趣，那么又会有很多新的点子产生，如可以插接的杯子、卡通造型的杯子等。有趣的杯子如图3-13所示。

目的发散法的特点是可以形成金字塔状的发散性想法，不仅适用于像开发商品一样的事情，而且适用于服务行业，或其他业务的开发。采用目的发散法分析事物，目的与手段是重叠的。如果将这个构造变成示意图，那么将事务的目的与手段的整体形态相互关联就一目了然了。

目的发散法可以与否定法结合使用，例如如何增加顾客就餐的满意度，直接去思考手段，感觉无从下手，这个时候可以采用否定法试试，把如何增加顾客就餐的满意度改成为什么客户的满意度不够？不拘泥于习惯、尽可能地避免使用习惯语言、转换角度进行思考，是使用目的发散法的技巧。目的发散法示意图如图3-14所示。

图3-13 有趣的杯子

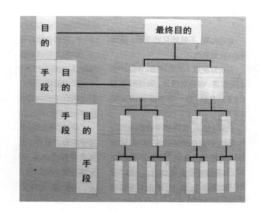

图3-14 目的发散法示意图

5）情景故事法

情景故事法是针对某类人群讲一段故事，描述其在整个过程当中的细节行为，从这段故事中寻找概念产品的机会点的一种方法。情景故事法是一种很有效的创新设计方法。运用情景故事法要明确地描绘出目标用户的特征、用户的需求点、产品的使用原因、产品的使用环境、产品的使用状况等。可以用文字的形式来描述，也可以插画的方式来描述。其中插画类似于电影中的脚本，使用插画描述时要求把交互体验的细节都描绘出来，甚至包括人物的对话。

情景故事法强调过程的真实性，产品设计师不能想当然地去猜测，不管是用文字还是用插画都要罗列出关键的人物和道具，描述出关键的步骤。

6）体验图法

体验图（见图3-15）以视觉化的方式，记录一个人的某个历程，将用户与产品或服务进行互动时的体验分阶段呈现出来，使图中的每一个节点都能更直观地被识别、评估和改善。体验图可以是电子版的，也可以是由满墙的便利贴形成的，体验图在效果上充满了形式美。体验图能协助团队精准锁定产品引发强烈情绪反应的时刻，同时找到最适合重新设计与改进的地图节点，好的体验图不仅能展现人们使用的工具和实物，而且还能发现是否有变通的方法。

体验图法并不是一个独立的设计方法，它是产品前期用户研究过程中重要的一部分。最有效的体验图通常会配合用户角色和情景故事一起制作。每个体验图都应该呈现某个特定产品目标使用者的真实特性，并且该使用者有明确的任务和目标。体验图不同于情景故事，需要确定流程图和时间表，突出强调观测到的缺陷点和机会。

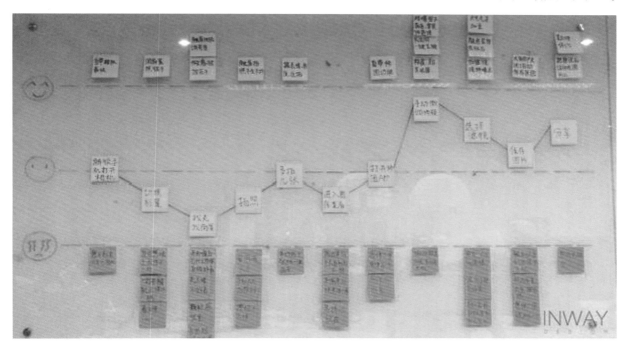

图 3-15　体验图

项目 4

基于"隐喻"的家电
产品造型设计

JIYU YINYU DE

JIADIAN

CHANPIN

ZAOXINGSHEJI

>>> 任务 1
主 题 综 述

4.1.1 课题背景 ▼

在信息爆炸的今天，多种多样的文化与风格充斥着我们的精神与感官，产品的功能与造型越来越多样化，毫无特色的产品已经不能满足人们生理、心理上的需求。起先，人们购买产品只是为了满足生活的需要，随着经济的发展、时代的进步与科技的提高，消费已从初级感性阶段向理性阶段过渡，消费者开始追求产品的质量，并将产品质量的高低作为决定是否消费的主要因素。而如今，随着现代科技的发展、知识社会的到来、创新形态的更替，消费者对产品质量的要求开始复杂化，也就是说，产品的质量好，不仅是指材料耐用性好、制作工艺精良、技术指标较高，而且具有象征性的、意义性的、符号性的成分，能够给人带来个性上的满足和精神上的愉悦。消费者选择产品或品牌时不再将产品是否好用作为唯一标准，而是更加关注产品在情感上是否与人契合。

产品在消费者面前呈现时，首先给消费者最直观的感受的是它的外观，产品的外观通常决定了用户的购买意愿和使用的感觉。就产品的外观来看，它包含着产品设计师传达给使用者的产品的内涵与语义，而隐喻这种设计手法作为传达过程中的一种表现手法，扮演着传达和沟通的角色。

在产品设计中，通过隐喻手法的运用，可以使产品以不同的形态体现在使用者面前。产品设计师根据隐喻理论来进行设计工作，可将产品的造型及其内涵、意义通过符号表现出来，体现出产品自身所包含的本质与内涵。隐喻作为一种极其普遍和重要的思想情感表达方式，在设计中的应用尤为重要。

综上所述，研究隐喻在家用电器中的应用，探求隐喻产品设计的手法以及消费者喜爱的隐喻产品的特点，用隐喻手法进行设计工作，使产品与使用者之间产生共鸣，凸显产品内涵与满足使用者精神需求，格外必要。

4.1.2 项目设定 ▼

【案例】 吸尘器造型设计。

【项目来源】 吸尘器企业合作研发项目。

【项目背景】 随着人们生活水平的提高，健康、舒适的家居环境越来越为更多的人所关注。买房、装修成为人们茶余饭后谈论的热点话题，但装修后又脏又累的卫生清扫工作，成为困扰家庭主妇的又一大难题。对不少家庭来说，吸尘器是清洁家庭的必备小家电。市场上所销售的吸尘器越来越功能化。随着生产技术的日新月异，生产吸尘器的各大品牌为了利润都在抢夺市场，吸引消费者，同类产品在竞争上不仅比功能，而且还比造型，因此开始设计吸尘器时，产品设计师不单单只是考虑功能、人机、环境与解决问题，也开始需要加入更多样的元素与创新，以带给消费者耳目一新的感官体验，在满足功能性的同时使得产品融入人们的生活并且赋予产品独特的内涵，而这样的产品不单单只是产品，还是一种人类社会精神的反射载体。

【设计要求】 针对企业项目的实际产品研发，关注市场的直接需求，在接受企业委托时深入了解所要开发的产品的设计目标。在进行前期的设计调查时，着重明确市场的产品定位，明确消费者的需求。整个研发过程要与企业负责人、销售人员、工程师深入合作。产品设计要重点考虑制造工艺和生产成本等问题。

4.1.3 教学设置 ▼

1. 教学目标

通过对产品造型设计的基础知识、规律及法则的讲授，使学生了解设计的基本流程，掌握实用与审美相结合的产品造型方法，通过隐喻的方法启发形态创新思维，获得平面和立体表现形态的能力，为以后的专业课学习打下基础。

2. 教学重点

本项目主要讲解内容为认识产品、形态设计方法的认知与设计、形态设计研究、设计定稿、报告书制作、方案展示及课程总结。产品形态研究水平将直接影响到学生在未来学习过程中的思维方式、创造精神与工作能力。

3. 教学内容

1）前期资料搜集与分析

第一，要了解设计对象的基本结构，形式要服从功能，而且只有能够生产出来的产品才具备市场价值。

第二，要经过同类产品调研，了解市场上现有的同类产品，包括各大品牌、产品的形态趋势，产品的色彩趋势，产品的细节营造等。

2）造型来源

根据前期的资料搜集和分析，明确产品造型的市场定位。根据产品定位选择造型来源，可以用头脑风暴的方式展开设计概念，找到合适的隐喻造型语言。

3）设计表达

第一，运用形态设计的法则，提炼造型元素，绘制前期草图。

第二，深化前期草图，详细地表现产品的细节，确定最终方案。

第三，制作产品效果图，根据企业产品的目标定位、生产工艺和成本因素评估方案的可行性。

▶▶▶ 任务 2
教 学 启 发

4.2.1 主题理解 ▼

产品形态是传达产品信息的首要因素，是产品设计师用来向用户传达设计思想和理念的重要手段。随着科技的进步和经济的发展，产品设计发生了巨大的变化，人们对产品的要求不再停留在简单的实用性上面，而是以人为本，满足人们的情感和文化等多方面的体验需求。

产品的隐喻是产品语意的重要生成方法之一。德国斯图加特艺术设计学院院长、教授克劳斯·雷曼于1991年提出产品或物品的语意造型类别（包括许多造型原则与丰富的隐喻）。隐喻设计方法，即将隐喻修辞手法应用于产品语意的传达过程中，当产品设计师心中想要表达某种意义而必须透过实际物体的象征时，可直接模仿转化，使人们立即可知其意。

隐喻作为一种重要的设计手法运用到产品形态设计中，能够通过转义的方式传达产品的信息、表达产品的情感、提升产品的内涵。本文以吸尘器为例，运用隐喻的设计手法进行尘桶吸尘器形态设计，为产品形态设计实践提供一定的参考依据。

"隐喻"一词源于希腊语 metaphora，主要指一种修辞手法。隐喻即借助一个领域的概念去理解另一个领域的概念，隐喻不仅是语言现象，而且还是一种设计创意和设计思维现象。隐喻设计由设计的本体、喻体和比喻词组成：本体指的是被比喻的事物，也就是产品本身；喻体指的是用作比喻的事物，指传达某种含义的其他事物形象；比喻词就是连接本体和喻体的关联方式。

产品形态设计既是产品设计的重要组成部分，也是工业设计的主要任务之一。形态包括"形"和"态"两层含义：形是指产品的外在形式；态是指产品的精神态势。在产品形态隐喻设计中，把产品的本体形态用另一种语意相似的喻体形态表达，产品实质意义并没有改变。产品形态中隐喻设计可以有效地传递产品的"形"与"态"，具体体现在揭示产品的功能、提示产品操作、增添产品情感魅力和表现文化传统这四个方面。产品设计师可以利用隐喻设计方法表达设计意图，增加产品的文化内涵，消费者可以从熟悉的喻体特征上了解到与产品本体相关的使用信息，唤起相似的感觉记忆，实现情感上的认同。

4.2.2 主题启发

主题启发就是通过解读市场上运用隐喻手法设计的产品，分析其设计手法，以其为参考并反映在课程的主题上的一种方式。由于前期搜集的材料比较凌乱，因而在进行主题启发时要去深入分析。

1. 形态关联隐喻

形态关联隐喻，即通过产品造型、材质、色彩及其相互之间的构成关系营造出一定的产品氛围，使人产生夸张、含蓄、趣味、愉悦、轻松、神秘等不同的心理情绪，产生某种心理体验，产生亲切感、成就感，从而建立起一定的产品形象。

（1）造型：使人可以从熟悉的喻体造型特征上了解到产品本体所要表达的情感信息，如图 4-1 所示的黑天鹅造型音响。

（2）色彩：作为首要的视觉审美要素，色彩深刻地影响着人们的视觉感受和心理情绪，如图 4-2 所示的土豪金苹果手机。

（3）质感：材料的质感通过产品表面特征给人以视觉感受、触觉感受、心理联想和象征意义，如图 4-3 所示的模仿雪地脚印的字体印刷。

图 4-1　黑天鹅造型音箱　　　　图 4-2　土豪金苹果手机　　　图 4-3　模仿雪地脚印的字体印刷

2. 功能关联隐喻

高科技产品的功能日趋复杂，操作界面常使人眼花缭乱，现代的产品设计应该使复杂的产品使用变得更为明了。通过隐喻设计，可使产品的视觉形式及功能以语意的方式得以形象象征化，可暗示操作，如图 4-4 所示的啄木鸟启瓶器。进行功能关联隐喻设计时，要综合考虑可视性、正确的概念模型、正确的匹配、反馈等因素。

3. 界面隐喻

界面不仅具有对含义或使用方式的引导作用，而且还向人们暗示产品设计师对美的诉求，暗示产品的品质和格调。这种暗示是由图形隐喻的内容表现出来的，反映的通常是文化内涵、意象、心理感觉等信息。采用界面隐喻设计的缓冲等待的图形界面如图 4-5 所示。

图 4-4　啄木鸟启瓶器

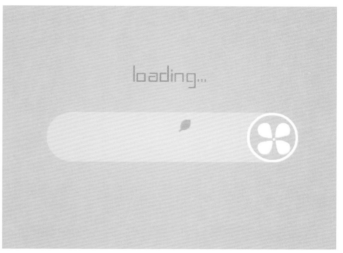

图 4-5　采用界面隐喻设计的缓冲等待的图形界面

>>> 任务 3
源于"哈雷摩托"的
吸尘器造型设计

4.3.1　隐喻设计流程

隐喻设计流程如图 4-6 所示。

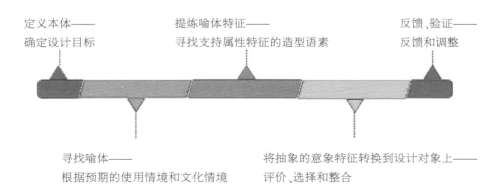

定义本体——
确定设计目标

提炼喻体特征——
寻找支持属性特征的造型语素

反馈、验证——
反馈和调整

寻找喻体——
根据预期的使用情境和文化情境

将抽象的意象特征转换到设计对象上——
评价、选择和整合

图 4-6　隐喻设计流程

4.3.2 尘桶吸尘器的结构和工作原理分析 ▼

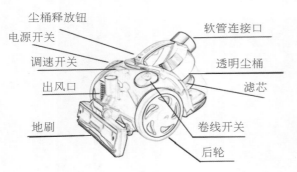

尘桶释放钮
电源开关
调速开关
出风口
地刷

软管连接口
透明尘桶
滤芯
卷线开关
后轮

图 4-7 尘桶吸尘器结构分析图

尘桶吸尘器结构分析图如图 4-7 所示。尘桶吸尘器是卧式吸尘器的一种，主要的工作原理是利用空气在集尘桶内旋转形成的高速离心力来分离尘气。尘桶吸尘器由动力部分、过滤系统、功能性部分、保护措施系统和其他的附件组成，具体部件包括透明尘桶、尘桶释放钮、软管连接口、滤芯、后轮、出风口、电源开关、调速开关、卷线开关和地刷。

4.3.3 基于隐喻的尘桶吸尘器造型设计 ▼

应用隐喻的设计方法设计尘桶吸尘器的造型，首先要确定尘桶吸尘器的功能属性和精神属性，然后要选择相似的意象源，提取意象源的典型特征，最后把这些特征转移到尘桶吸尘器造型当中。本任务以一款北美洲的尘桶吸尘器为例，探讨隐喻设计在这款产品造型中的应用。

1. 确定设计目标

产品形态设计建立在对产品语意的目标设定上，在进行尘桶吸尘器形态设计之前要先进行相关的设计调研，从而确定产品造型设计目标。调研包括三个方面的内容：首先是产品的目标消费群体的需求，经过相关的研究，明确了北美洲的消费者喜欢扎实耐用、性价比高的产品；然后是委托设计的客户方对产品的设计要求，通过沟通了解到委托设计的客户希望此款产品能够体现高端、大气、高性能的感觉；最后就是定位这款产品的生产成本，与客户商讨之后确定做一款成本不高、性价比高的产品。综合以上的设计考量因素，最终定下来的设计目标是一款扎实耐用、造型大气有科技感、成本不算高的产品。

2. 隐喻意象源的确定

确定隐喻的意象源也就是确定喻体，这要综合考虑社会观念、用户的文化背景和认知能力等，意象源可以从自然物、人工物、历史物和抽象物中选取。选取意象源时要首先找到其与要表达产品的相似性特征（该特征应为人们所熟知并且能够被感知到）。根据前面确定的尘桶吸尘器设计目标，结合北美洲客户的文化背景和认知方面的考量，进行头脑风暴，通过联想、推理和类比等过程列出了多个适合表达本体形态的意象源，如图 4-8 所示。

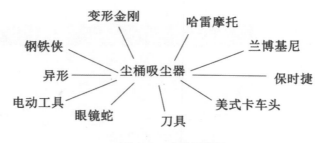

变形金刚   哈雷摩托
钢铁侠   兰博基尼
异形 — 尘桶吸尘器 — 保时捷
电动工具   美式卡车头
眼镜蛇   刀具

图 4-8 头脑风暴图

在众多的意象源中，考虑到喻体与本体的相似度、造型的表现力、造型语言提取的难易程度、与市场上其他同类产品造型的差异性，最终决定选用具有管状元素的哈雷摩托作为喻体的最终形态。哈雷摩托是美国常见的交通工具，其造型体现了手工打造的完美机械感，哈雷摩托性能卓越、扎实耐用，与尘桶吸尘器造型的语意具有高度的相似性。

3. 对意象源的特征提炼

对作为喻体的哈雷摩托的形态进行详细的特征分析，提炼出哈雷摩托的整体特征和细节特征，确定最能体现本体设计目标的表达要素（主要包括形态、材质、色彩等）。哈雷摩托整体造型给人的感觉是充满动感，外骨骼包裹设计，强化结构部件，其细节上的典型特征元素是其排气管的圆管状造型和发动机上面的条纹状排列造型，材质上突出高反光的金属质感，色彩上多见金属银色与其他颜色对比使用，如图 4-9 所示。

可运用简化、重组和夸张等方法对抽象出来的意象源特征进行概括，结合尘桶吸尘器的结构特点和功能特点，将抽象出来的意象源特征运用到尘桶吸尘器的造型设计当中。构建产品最基本的要素包括产品的造型、功能、材质和色彩，这些元素也是传达产品的隐喻语言。

发动机(条纹状排列)

车体外壳(曲面造型)

外骨骼框架结构

排气管(圆管状造型)

图 4-9 抽象意象源特征

1）造型的隐喻

对哈雷摩托的排气管、发动机的造型进行抽象并应用到尘桶吸尘器的造型设计中，做到取其"形"，研其"意"，传其"神"，如图 4-10 所示。

尘桶桶盖的设计提取了哈雷摩托排气管的造型元素，表面的凸起由管状元素旋转阵列而成，形成强烈的外骨骼效果。尘桶吸尘器机身侧面的主体造型也模仿了哈雷摩托的圆管状排气管，两个管状造型上下并置，形成了侧面的主体形态，管状形态从进风口到后轮由细到粗的变化，与哈雷摩托的侧面造型具有高度的相似性。尘桶吸尘器侧面出风口的造型借鉴了哈雷摩托发动机上面的条纹元素，由条纹元素重复排列而成，条纹状镂空设计既符合吸尘器出风的需要，又丰富了产品侧面的造型细节。

图 4-10 吸尘器整体造型

2）功能的隐喻

高科技产品的功能日趋复杂，操作界面常使人眼花缭乱，现代的产品设计应该把复杂的产品操作变得更为简洁明了。通过隐喻设计，可使产品的视觉形式及功能以语意的方式得以形象象征化，可暗示操作。产品功能的隐喻基于本体和喻体在产品功能层面上具有的相似性，哈雷摩托的排气管具有向后喷气的功能，而尘桶吸尘器的电源线也是向后拉出的，因而把尘桶吸尘器卷线口设计成哈雷摩托排气管出口的造型，在形式上和功能层面上都与哈雷摩托具有了高度的一致性，此处的隐喻设计给尘桶吸尘器使用者带来熟悉的体验效果，使其更容易辨别此部分的操作方式。

3）材质、色彩隐喻

色彩具有在第一时间让人心动的力量、在一瞬间感染人的作用。在如今感性消费、体验式消费的时代，色彩并不是商品的点缀，它同时可以为商品带来不同的符号、文化等意义与内涵。哈雷摩托以裸露闪亮的铬和钢为典型特征，配以黑色、蓝色、红色等色彩，给人一种男性化的、绚丽的、坚固扎实的内在感受。尘桶吸尘器设计应用了哈雷摩托的配色方案，提供紫色（R：68；G：0；B：98）、蓝色（R：0；G：104；B：183）、黑色（R：0；G：0；B：0）等色彩，与金属银色（R：160；G：160；B：160）相结合，产生系列色彩方案，供消费者在购买时选择，如图4-11所示。

图4-11 吸尘器色彩方案

4. 反馈验证

方案制作完成之后进行市场调查，倾听调查对象的反馈意见，询问他们看到方案之后的想象和联想。调查的结果表明，这款造型的接受程度较高，调查对象基本上都认为这款产品结实耐用、结构精密、有科技感、大气上档次，总结这些反馈意见与当初的设计目标，二者基本一致，证明此款设计圆满完成。最后确定尘桶吸尘器整机的尺寸为长350 mm、宽250 mm、高300 mm，同时考虑到人机工学的合理性，尘桶拎手空间的尺寸确保做到长100 mm以上、高30 mm以上。

隐喻是将陌生或待解释的事物引入到某种熟悉的事情中的一个手法，通过隐喻可以促使使用者想起曾经有过的经验并以此唤起更多的相似记忆和情感。将隐喻设计理念运用到产品设计中具有重要的意义，人们在选购产品的时候，可以通过解读产品的造型，唤起曾经的相似记忆，体会到产品背后代表的意义和情感，获得精神上的满足。

⟫ 任务4
源于"急速蜗牛"的吸尘器造型设计

4.4.1 确定设计目标

产品的造型设计建立在对产品语义的目标设定上，研究隐喻设计在家电设计中的应用需要确立到一个具体的产品主题上来,本次课题设计目标选定在家用电器分类下的尘桶吸尘器上。在现代生活中,吸尘器在我们的生活中扮演着清洁好伙伴的角色,它代替了传统的清洁方式,使家务劳动变得更加轻松,节省了人们的时间,提高了生活效率。此次实践课题便基于设计尘桶吸尘器外观造型研究隐喻设计在家电设计中的应用。

在设计尘桶吸尘器外观造型前,我们首先需要了解尘桶吸尘器的结构与工作原理,以更好地为尘桶吸尘器设计合理的外观造型,然后需要了解市场上此类产品的发展走向与消费者的精神需求,以找寻符合尘桶吸尘器最为贴合的语义。

产品外观造型设计建立在对产品语义的目标设定上,在进行尘桶吸尘器外观造型设计之前,首先要进行相关的设计调查,从而确定产品造型设计目标。

家用吸尘器结构图如图 4-12 所示。家用吸尘器的工作原理是:在电机的高速驱动下,叶轮中的叶片持续地对空气做功,从而使得叶轮中的空气得到能量,并以极快的速度排出风机;与此同时,风机前边吸尘部的空气不断地对叶轮进行补充,使吸尘部内快速形成真空,产生一个特别高的负压差,在高负压差的作用下,吸尘器吸嘴边的垃圾与灰尘跟随气流进入吸尘器内部,经过进风过滤片,垃圾与灰尘被停留在储物箱(滤尘袋)内,而空气经过滤后再排出吸尘器进入室内,到这里就完成了整个吸尘的过程。

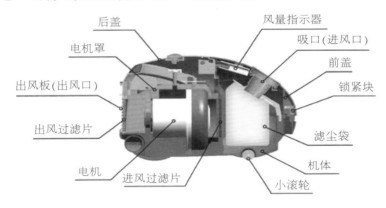

图 4-12　家用吸尘器结构图

4.4.2　隐喻意象源确定

本文的研究主题是隐喻设计在家电设计中的应用,所以从家用吸尘器的形态入手,通过头脑风暴确定其意象源也就是喻体。意象源的选择可以是多种的、发散的,可以是现实存在的,也可以是抽象的,只要是可以与产品的特性相匹配的都可以作为外观形态的来源。我们首先需要发散思维,通过对吸尘器外观形态的头脑风暴来对家用吸尘器确定一个意象源方向。根据对吸尘器外观形态的头脑风暴搜集到的相关意象源图片如图 4-13 所示。

图 4-13　根据对吸尘器外观形态的头脑风暴搜集到的相关意象源图片

4.4.3　意象源特征提炼 ▼

　　绘制前期形态发散草图如图 4-14 所示。利用形态发散对前期搜集到的意象源图片展开意象源特征的提炼，并将提炼得到的意象源特征运用到产品中，斟酌出更适合的方案。

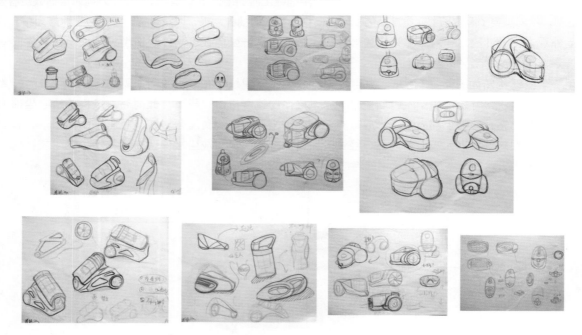

图 4-14　前期形态发散草图

1. 意象源确定

　　经过发散研究意象源和对比多种方案，决定对《极速蜗牛》动画电影中的角色（见图 4-15）进行提炼并将提炼出的意象源特征融入吸尘器的外观造型中。

图 4-15　《极速蜗牛》动画电影中的角色

　　《极速蜗牛》是一部 2013 年上映的动画电影。电影由梦工厂工作室制作、二十世纪福克斯电影公司负责发行。影片的创意来自于加拿大籍导演大卫·索伦，在创作这部影片前，大卫·索伦说："我自从五年前搬家之后，就会在后院里看到很多的蜗牛。再加上那个时候，我的孩子特别喜欢玩赛车的模型，所以我就在考虑，是不是能把赛车电影和蜗牛组合到一起，拍摄一部好玩的动画片。"影片的制片人罗杰斯说："我们都很喜欢这个想法，因为这就是在告诉孩子，别放弃自己的梦想，哪怕这个梦想在旁人看来是多么可笑，是多么愚蠢。只要你自己认定了这个理想值得付出，那么这就是值得你付出的东西。"

用《极速蜗牛》作为意象源不仅是从角色的特征上进行隐喻设计，而且希望可以通过产品将这部影片所表达的思想传达给使用者，希望和喜欢这部影片的人产生一种情感上的共鸣，这也就是隐喻在设计中的作用。

2.特征提炼

首先从影片角色的造型入手，进行一系列的外观特征提炼。

因为吸尘器是以赛车与蜗牛进行的组合，所以其表达符号中既有机械件十分硬朗的线条和酷炫，也有蜗牛较为柔软的圆润与精巧，提炼的语义中将围绕这两点进行吸尘器外观造型草图的展开，如图 4-16 所示。

图 4-16　吸尘器外观造型草图

4.4.4 草图方案表达

1. 草图初稿

将提炼出的符号融入吸尘器的外观造型中，使得其外观更加贴合"极速蜗牛"这个语义，进行多个方案的发散，绘制方案草图初稿（见图 4-17），以便后继选择出最适合和最有执行力的方案。

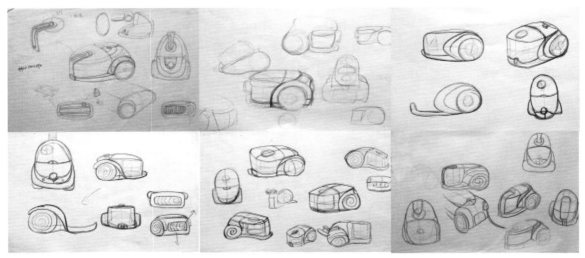

图 4-17　方案草图初稿

2. 方案确定与深化

在这一步骤，需要在多个方案中选取最可行的方案并对其进行深化。选取最可行的方案时，不仅要考虑加工上的工艺，而且要确定所选方案符合所选取的意象源的符号造型。

在确定了最可行方案后，就要对方案进行进一步的深化了，对于细节上的处理和功能上的分布，都需要进行精准的推敲，这时候的设计应该是全面化的，按键的分布、造型上细节的统一和加工时需要注意的区域都需要逐一考虑。

本任务所选取的最可行方案如图 4-18 所示。方案深化图如图 4-19 所示。

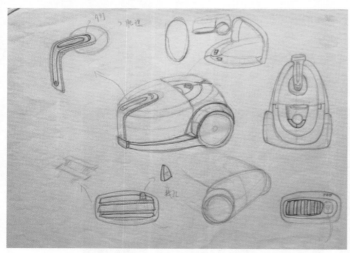

图 4-18　方案草图定稿

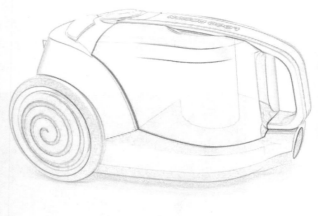

图 4-19　方案深化图

4.4.5　方案三维表达与效果图

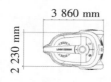

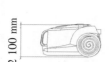

图 4-20　方案尺寸图

通过 CAD 绘图软件绘制方案具体尺寸，确定比例与大小，如图 4-20 所示。

1. 方案建模

在完成方案手稿确定和尺寸绘制之后，接下来要做的就是在 Rhino 中进行三维建模：首先用线条勾勒出整个吸尘器的轮廓（要完成这项工作，需要掌握每一个部件的走向与联系），然后使用成面工具与成体工具建立体块关系，在大的整体体块关系建立好之后再进行分割削减。

方案主体建模如图 4-21 所示。

大的形体设计完成之后，需要进行细节的推敲和取舍，以确保细节与整体的统一。按键、旋钮设计、表达得到位可以起到画龙点睛的作用。

方案细节建模如图 4-22 所示。

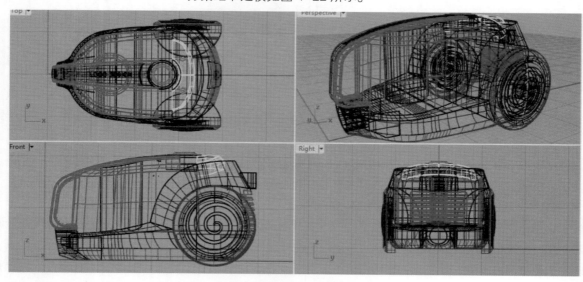

图 4-21　方案主体建模

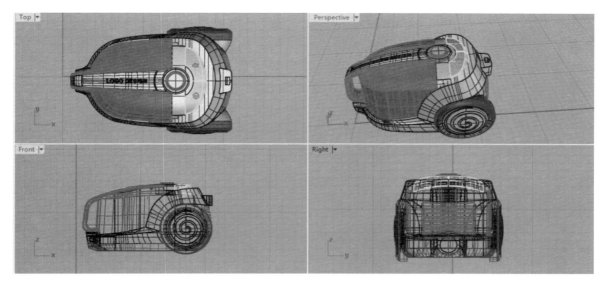

图 4-22　方案细节建模

2. 方案渲染

完成方案的三维建模之后，对三维模型进行效果渲染，这里我们借助即时渲染工具 KeyShot 进行渲染。

在对产品进行渲染之前，首先要有一个大概的渲染标准与方向，可以市场上现有的产品所表现出来的质感为参考进行产品的渲染。常见吸尘器的材质和配色如图 4-23 所示。

图 4-23　常见吸尘器的材质和配色

图 4-24 最终完成的色彩方案

3. 色彩方案

最终完成的色彩方案如图 4-24 所示。对吸尘器的渲染借鉴了现有产品的表现方式，配色提取了影片中主角的色彩方案。

"极速蜗牛"这款吸尘器的配色提取了《极速蜗牛》动画影片中角色的配色，从视觉感官上能够让使用者和影片进行一种关联性的联想，每一种配色都可以代表一个角色，它包含着角色的性格、行为与思想。多样的配色也可以满足不同消费者的不同需求，可以提供更多的选择，如图 4-25 所示。

图 4-25 其他色彩方案

4.4.6 手板模型加工制作流程

1. 加工文件整理

在进行模型加工之前，要进行加工文件的整理。交给加工厂的文件包括 3D 文件（比例为 1：1 的建模文件）、丝网印文件、产品尺寸图。因为 3D 文件是使用软件 Rhino 建模得来的，而模型工厂则使用更为专业的 Pro/E 软件进行图档的分析工作，所以要将原有的 Rhino 文件转存为工程文件。

加工文件整理示例如图 4-26 所示。

图 4-26 加工文件整理示例

2. 前期分析与拆图

将转换好的工程文件交给统筹部门后，工程部的工程师使用工程软件对模型与加工单进行逐一核对，确认有无问题。若无问题，则工程师根据 3D 打印工艺和加工材料厚度的特性，进行初步的附图。吸尘器的形态比较复杂，所以要对模型进行拆分。

前期分析与拆图示例如图 4-27 所示。对于拆分后的部件，制作安装卡位，方便在后期进行模型的组装。安装卡位的形式有很多种，具体采用哪一种形式要根据拆分件的情况决定。

图 4-27　前期分析与拆图示例

3. 3D 打印

3D 打印机通过读取文件中的横截面信息，用液体状、粉状或片状的材料将这些截面逐层地打印出来，再将各层截面以各种方式粘合起来从而制造出一个实体，如图 4-28 所示。3D 打印技术的特点在于其几乎可以造出任何形状的物品。在本任务中，采用 3D 打印机打印出吸尘器实体。

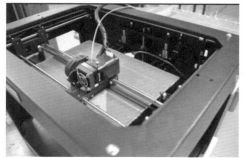

图 4-28　3D 打印

4. 手工加工打磨

3D 打印完成后，需要冲洗部件，清理掉加工毛刺，然后使用砂纸进行打磨工作。初步打磨结束后，可以根据前期提供给加工厂的效果图示文件，将表面处理效果相同的加工件进行初步的组装，可采用胶水蘸取造牙树脂的方式进行组装，之后使用刮刀修正粘接缝。初步组装结束后，在加工件表面上喷涂薄薄的一层底灰，这样做的目的是检查表面上的坏点，以便及时地进行修补。修补工作完成后，使用砂纸打磨表面。如此反复 2~3 次，直至加工件表面满足最后的喷涂要求。

手工加工打磨效果及示例如图 4-29 所示。

图 4-29 手工加工打磨效果及示例

5. 定色、喷涂

这一步既是手板模型加工的最后一步，也是最为重要的一步，所有表面的喷涂效果、特殊效果都将通过这一步得以体现。进行定色、喷涂前，我们要借助前期制作的效果图示文件来完成前期的准备工作，效果图示文件上标注着产品每个部件的表面处理效果以及 PANTONE 色号，调漆师根据 PANTONE 色号进行颜色的调制，喷漆师根据效果图示文件所标注的表面处理效果，进行表面效果的喷涂工作，不同的表面处理往往通过不同的喷涂方法实现。模型的定色、喷涂示例如图 4-30 所示。

图 4-30 模型的定色、喷涂示例

6. 丝印印刷

定色、喷涂工作结束后，待产品的油漆风干，进行产品的丝印印刷工作。丝印印刷工作开始前，要进行网版的制作，网版的制作需要调取前期提供给加工厂的文件中丝印图案为 1∶1 的矢量文件，这类文件大多使用 Adobe Illustrator、CorelDRAW 等矢量软件制作。网版制作完成后，要确认丝印图案的颜色，这时要借助 PANTONE 色号完成油墨颜色的调制。调制好油墨后，将网版固定在网板架上，固定丝网印的部件，网版对准丝网印，用网版刷蘸取油墨刷过网版，完成丝印印刷工作。模型的丝印印刷示例如图 4-31 所示。

图 4-31 模型的丝印印刷示例

7. 组装样机

完成上述所有的工序后，接下来要做的就是将产品的各个部件一一组装起来，使用的黏合材料为 502 胶、3M 双面胶等。在组装的过程中，要注意粘接缝处不能看出粘接点，以免影响产品的外观展示效果。模型样机组装示例如图 4-32 所示。

图 4-32 模型样机组装示例

8. 模型样机展示

　　样机通过以上步骤最终成形，一个精致的模型就呈现出来了（见图 4-33）。通过制作模型，可以检测设计思路是否可行，在工业设计中样机的制作也是决定最终产品能否投放市场的关键环节。

图 4-33　模型样机展示

项目 5

基于"关怀"的医疗健康产品开发设计

J JIYU GUANHUAI
DE YILIAO
J JIANKANGCHANPIN
KAIFASHEJI

》》》 任务1
主 题 综 述

5.1.1 课题背景 ▼

随着社会的进步和人们生活水平的提高，人们不再仅满足于产品的使用价值，还越来越注重产品的附加价值——情感价值、美学价值、个性化价值等，人性化需求越来越高。从当代设计的发展趋势来看，人性化设计越来越受到重视。因此，对产品设计中人性化设计进行研究不仅具有理论意义，而且还具有十分重要的指导意义。

为照顾弱势人群的需要而进行的设计称为关怀设计。关怀设计表现出对人的生存状况的关怀、对人的尊严与符合人性的生活条件的肯定、对人类的解放与自由的追求。产品的关怀设计包括三个部分：第一部分是产品硬件设施上的关怀设计，主要是指为老人、残障人士等弱势群体设计适合他们的生活产品；第二部分是软件设施上的关怀设计，主要指图形化的信息指示设计，包括用色彩、材料、影像等多元化的信息传达方式、多种便捷的服务和各种人性化的视觉引导系统等软件上的关怀设计工作；第三部分是对弱势群体的"心理关怀"，即尽量不让他们在使用某种为他们而设计的产品时，产生特有的心理压力，使他们在包容性、舒适性、便利性等方面与常人有相同的感觉。美国有一位学者曾经提出"避免使用者产生区隔感及挫折感"的原则，该原则也是为残障人士进行关怀设计的一大原则。

5.1.2 项目设定 ▼

【案例】 医疗健康产品开发设计。

【项目来源】 医疗企业合作研发项目。

【项目背景】 当代中国的老龄化现象越来越严重，人们的健康意识不断增强，医疗器械产品成为人们生活当中常用的一类产品。长期以来，我国医疗器械产品设计都是以医疗工作者和结构工程师为主导，设计出来的医疗器械产品大多重视功能的实现，而忽视患者在使用中的感受，忽视设计中的人文关怀。虽然工业设计一直遵循"以人为本"的设计法则，但是这种特殊产品——医疗器械产品的设计并没有真正体现出这一法则。医疗器械产品设计除了要使医疗器械产品具有治疗功能以外，还应使医疗器械产品具有"人文关怀"这一重要设计因素，这一点不能被忽视。

【设计要求】 很多人认为产品设计就是创造精美图形和效果图来美化物品的职业，这是个很大的误解，产品是为人服务的，产品设计包含着一个大的过程，其起点是确定消费者的需求，重点是把产品投放到市场，并且能够很好地满足消费者的需求。产品设计师必须能从多个方面切入到设计的各个环节中，他们不仅扮演美化的角色，而且有时候还能在幕后起到督导作用。在赋予产品新造型的时候，产品设计师不仅必须遵循现有的知识产权、规章制度，而且还需要考虑到人机工程学、机械零件、材料及生产技术。这些都至关重要。如果不慎重考虑这些因素，恐怕整个项目都得进行修改，从头再来。

5.1.3 教学设置 ▼

1. 教学目标

"开发设计"课程是工业设计专业的一门专业必修课。通过对本项目的学习，学生应能够比较深入地了解产品市场战略分析、新技术和新材料的应用设计概念、设计研究、产品设计和产品生产制造的全过程，获得完成一个主题设计课题的经验。设计课题一般应是企业真实项目或具有先进性和前瞻性的产品设计题目。通过对本课程的学习，学生应在理解和掌握大纲所要求的知识内容的基础上，能正确地应用这些知识解决实际问题，获得步入产品界所应具备的基本技能。

2. 教学重点

本项目的教学重点有以下六点：第一点，有针对性的设计素材和信息的分类整理方法；第二点，产品的结构、工艺、材料等知识；第三点，用户需求导向的产品开发；第四点，产品设计的二维、三维表现方法与要求；第五点，产品开发与设计的工作流程；第六点，制作产品的草模。

3. 教学内容

1）产品设计方案创意模块

（1）课题导入。布置实施步骤以及评分标准，并进行团队分组，制订设计计划。

（2）市场调查。了解产品设计与开发的含义、特征与种类，根据市场调查情况及反馈，编写调查报告。

（3）素材收集与整理。进行素材的收集、筛选、整合工作。

（4）产品设计概念生成。根据调查报告和素材收集分析的结果，通过创意发散与头脑风暴，产生设计创意概念。

（5）产品设计概念修正。甲方介入方案讨论，通过产品价值分析完善设计目标。

（6）方案评审。最终确定设计方案。

2）产品设计方案表现模块

（1）通过手绘草图表达设计意图，要求形体表达准确、有一定的艺术审美性。

（2）运用平面绘图软件熟练绘制产品二维效果图，并确定尺寸与比例。

（3）运用三维建模软件按照设计尺寸进行外观建模，恰当处理产品的细节。

（4）运用相关渲染器进行产品效果图渲染表现。

（5）选择适当的材料制作样机，要求形位尺寸准确、部件配合合理、制作精良。

3）产品设计方案实现模块

（1）根据加工工艺进行产品设计，了解产品加工的常用工艺、材料，掌握简单核算产品制造成本的知识。

（2）了解常用塑料、金属产品的结构形式，人性化地对产品结构进行规划。

》》》任务2
教 学 启 发

5.2.1　主题理解　▽

医疗器械产品是集科技与艺术于一体的一种产品。对于大部分人来说，医疗器械产品应该是理性的、功能性的、专业的。传统的医疗器械产品设计都是以医疗领域的专家或者科学研究部门的人员为主导研发出来的，在产品造型、色彩等因素上，更多地考虑是否适合医生使用。但是医疗器械产品是为患者服务的，应考虑到患者的心理感受。也就是说，医疗器械产品除了要具备普通工业产品所应具有的实用功能之外，还应该包含更多的人文关怀设计。虽然工业设计一直遵循"以人为本"的设计法则，但是这种特殊产品——医疗器械产品的设计并没有真正体现出这一法则。医疗器械产品设计除了要使医疗器械产品具有治疗功能以外，还应使医疗器械产品具有"人文关怀"这一重要设计因素，这一点不能被忽视。

5.2.2 主题启发 ▼

关怀设计就是以人为本，集中体现为对人本身的关注、尊重和重视的一种设计。它着眼于生命关怀，着眼于人性，注重人的存在、人的价值、人的意义以及人的心灵、人的精神和人的情感。关怀设计体现出对人的生存状况的关怀、对人的尊严与符合人性的生活条件的肯定、对人类的解放与自由的追求。

医疗器械产品中的关怀设计，体现在以下三个方面。

1. 形态的亲和性

以往的传统医疗器械产品的设计更注重功能性，医疗器械产品的精密感强，给人一种专业的感觉。这种造型的弊端就是显得呆板，会让患者产生疏远感，缺少亲和力。医疗器械产品设计应该在满足精准和简洁的基础上，通过对其造型、色彩、材料等做细腻温润处理，如采用柔和的曲线造型、柔和的色彩以及温暖且舒适的材料等，消除患者对医疗器械的排斥与恐惧，使患者获得更加亲切的人文关怀。

例如，原研哉为一所妇产科医院设计的标识，不同于传统的标识四四方方的造型，而采用了大圆角的处理方式。标识用布做成，房间号和提示信息通过丝印印刷在白色的纯棉布上，给人一种柔和的空间感觉，这些白色的纯棉布是套在台坐上面的，一旦弄脏，可以脱下来清洗。虽然使用白色的纯棉布并不耐脏，但是医院可以通过这种行为向住院者表明自己确保医院清洁的意志。除了亲和力之外，"最好的清洁"也是就诊者的一种需求，这跟一流的饭店都是用白色桌布是一个道理：一流的饭店为了表明他们能够提供最好的、最清洁的服务，而坚持使用白色桌布。最终，这种充满亲和力的标识给来医院就诊的产妇带来了安静、舒适的感受。

原研哉设计的用白色纯棉布做成的提示信息标识如图5-1所示。

图5-1 原研哉设计的用白色纯棉布做成的提示信息标识

2. 功能的识别性

如今的产品越来越科技化、智能化，它们往往功能强大，用法多样。医生在使用时医疗器械产品时，患者也会参与其中。不管是医生还是患者，都希望在看到产品的时候能够快速地理解产品的使用方式，所以产品设计师在设计医疗器械产品的时候要充分地考虑使用者的认知习惯和特点，减少不必要的功能，增加安全操作的警示效果，以免产生误操作。这种不仅满足在使用中的首要功能需求，而且还兼顾造型及人的情感变化的设计，充分体现了产品设计师对人性的关注。

3. 产品的人性化

社会的发展不仅带来了物质的丰富，而且带来了很多人的心理问题，比如孤独感、心理压力等，产品设计师在进行产品设计的时候可以更多地考虑物理层次和心理层次上的关怀。医疗器械产品也可以针对患者身体上的不便和心理上的问题，从这两种层次的需求角度去深入开发。

例如，传统的温度计采用冰凉的玻璃材质，在使用的时候，尤其是在冬天使用的时候，放在腋下或者嘴里，给皮肤带来很大的刺激，而且这种温度计造型也像针管一样，容易让小孩产生疼痛的联想。而一款人性化的温度计（见图 5-2）改变了这种传统的设计方式。它具有圆润、可爱的外形，给人以温暖感。对于好奇心强的孩子，它更像是一个"玩具"。使用时，可以直接将它夹在两根手指之间，用它触摸自己或别人的额头，此时，温度计显示出精确的体温。

图 5-2　人性化的温度计

任务 3
医疗器械产品的关怀设计

本任务以胸腔引流仪的设计为例，从关怀设计的角度探讨医疗器械产品的改良设计，以为医疗器械产品设计实践提供一定的参考依据。

5.3.1　原有胸腔引流仪产品的性能分析

1. 原有胸腔引流仪的结构和工作原理

胸腔引流仪在临床中用于胸心外科手术，以及胸部外伤和由于气胸、血胸、脓胸等需要持续排气、排液和排脓的患者。它的作用有三个：一是引流胸腔内的液体和气体，并预防其反流；二是重建胸膜腔正常的负压，使肺复张；三是平衡压力，预防纵隔移位。原有胸腔引流仪以重力引流为原理，使用胸腔引流管和闭式引流瓶，可将人胸腔内的气体或液体引流至瓶体内并计量。原有胸腔引流仪的外观和结构分解图如图 5-3 所示。

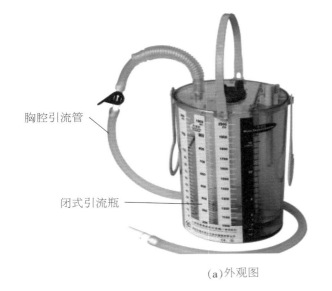

（a）外观图　　　　　　　　　　　　　　（b）结构分解图

图 5-3　原有胸腔引流仪的外观和结构分解图

2. 原有胸腔引流仪的问题分析

使用"人－机－环境"产品系统的分析方法分析原有的胸腔引流仪可以发现，原有的胸腔引流仪在使用过程中存在着很大的问题：整机的高度较高，底盘没有支撑，在使用的时候容易倾倒；纯透明材质使血液完全暴露，令使用者对血液感到恐惧；界面设计不容易辨识，增加了阅读的难度，容易误操作；整机造型不美观，偏工业化，缺乏人情味；等等。因此，对原有胸腔引流仪进行优化和改良变得十分必要。

5.3.2 基于关怀设计的产品改良方案与创新研究 ▼

根据原有胸腔引流仪存在的问题，进行全面系统的设计研究：从人文关怀的角度去了解使用者，去体验他们在操作和使用时遇到的种种不便，以人的生理特征、心理特征为依据，研究人与产品、人与环境、产品与环境之间的相互关系，把人的因素作为系统设计的重要条件和原则，将产品设计得更加简便、省力、安全、可靠、高效和舒适，使产品更具亲和力，在外观与使用上更友好，降低产品在操作上的复杂度，降低患者对产品的恐惧感。

1. 功能优化

好的功能对于一个成功的产品设计来说是十分重要的。人们之所以有对产品的需求，就是因为要获得其使用价值——功能。医疗器械产品的功能设计必须以人为本，考虑"人－机－环境"要素。新款胸腔引流仪针对产品的使用环境以及功能特点，在分析原有胸腔引流仪存在的问题的前提下，进行了功能优化。

1) 增加底部支撑脚架

由于胸腔引流仪主要是放在地面上使用，整机的高度又较高，因而在使用过程当中容易倾倒，产生危险，因此必须增加底盘的稳定度。在产品底部增加用来支撑的构件，在不用的时候将构件旋转收纳，在使用的时候将构件撑开，扩大了底盘的宽度，大大增加了底盘的稳定度，提高了产品的安全性能。胸腔引流仪底部设计前后外观对比图如图5-4所示。

(a)设计前　　　　　　　　　　(b)设计后

图5-4 胸腔引流仪底部设计前后外观对比图

2) 挂钩与拎手一体化设计

胸腔引流仪在使用前后需要携带，因而在其上面设置了拎手。另外，由于胸腔引流仪在某些特殊的情况下需要挂在病床上使用，所以必须在其两侧外接挂钩。原有胸腔引流仪的挂钩和拎手是分开设计的，因而显得凌乱，不具备整体性。考虑到挂钩和拎手不在同一时间使用，对新款胸腔引流仪的拎手与挂钩巧妙地进行了一体化设计：两侧的挂钩可以重叠，重叠后环状相扣的卡位可以作拎手用。胸腔引流仪挂钩和拎手设计前后外观对比图如图5-5所示。

2. 造型改进

产品形态是表达产品设计思想和实现产品功能的语言和媒介。医疗器械产品的造型设计要关心产品与人相关的方面，充分考虑人的因素，以适应和满足人的生理需求和心理需求，摆脱医疗器械产品机械、冰冷的概念，在一定程度上增加患者对产品的亲切感与信赖度。

1) 在保持椭圆柱体造型的基础上进行整体设计

产品可以通过设计语言向人们传达它所蕴含的情感元素。曲面元素偏女性化，给人以柔和、亲切的视觉感受。医疗器械产品的造型应尽量采用柔和的曲线和大的曲面，尽量减少直线的运用，避免强烈的对比形态。另外，要通过巧妙的造型设计掩藏暴露在外面的机械零部件，以消除用户紧张、恐惧的心理。

原有的胸腔引流仪主要是椭圆柱体造型，过于简单和工业化，缺少面的变化。为了保持产品的延续性，新款胸腔引流仪在保持椭圆柱体造型的基础上进行了整体设计，对顶盖进行了弧面及圆角处理，使其在视觉上显得更加柔和，在心理上显得更亲切。另外，顶盖采用不透明材料，在使用过程中可挡住下面的血浆，避免了使患者产生心理恐惧，而且不透明的顶盖也凸显出其上的三个旋钮，使操作过程更加清晰。胸腔引流仪进行整体设计后的整机效果图如图5-6所示。

(a)设计前　　　　　　　　(b)设计后

图 5-5　胸腔引流仪挂钩和拎手设计前后外观对比图

图 5-6　胸腔引流仪进行整体设计后的整机效果图

2）引流可调旋钮的再设计

原有胸腔引流仪顶部的旋钮虽然能够满足功能的需要，但是造型过于单薄，且不够美观。另外，三个旋钮的造型和大小类似，区分度不够，增加了胸腔引流仪的使用难度。新款胸腔引流仪的三个旋钮在尺度上与人手相适应，使操作更加舒适和省力。另外，新款胸腔引流仪的三个旋钮在尺寸和外观造型上进行了区分，提高了识别性与易用性。新款胸腔引流仪的三个旋钮采用圆弧面设计，与整机的造型风格一致，使整机更加美观。

3. 界面升级

医疗器械产品与人的性命息息相关，其人机界面设计相对其他产品的人机界面设计来说显得更加重要。合理的人机界面设计，可以减少使用过程中的人为差错、保护患者的人身安全、保证产品正常运行。人机界面设计的原则是易于辨认，避免使用者在读取信息的过程中产生视觉负担。对于医疗器械产品界面上显示的信息：首先，要主次分明，重要的信息要放在人们习惯最先关注的位置，并通过颜色、大小等方式使其有别于其他信息；其次，信息的排布方式要符合人们的读取习惯，同时要考虑使用者读取信息的角度；最后，要对显示的信息进行功能分区（可按其内容划分），使界面显示规整有序，提高使用者对产品的接受程度，并降低产品的使用难度。

1）顶盖界面设计

原有胸腔引流仪的顶盖界面设计主要存在两个问题：一是顶盖是透明面板，操作提示信息印刷在上面，显示不清楚；二是虽然顶盖界面设计考虑到色彩的区分，但是重要信息界定不清，以红色显示的信息太多，弱化了最重要的内容。新款胸腔引流仪的顶盖对标识、警示语进行了再设计，"严禁随意旋松"作为攸关人命的重要信息采用红色作为警示色，与其他的蓝色信息进行了明确的区分。另外，其顶部面板采用不透明设计，使得上面的信息更加容易读取。胸腔引流仪顶部界面设计前后对比图如图5-7所示。

2）机体刻度设计

原有胸腔引流仪机体正面的刻度界面设计也存在问题：读数的部分用白色条状作为底色，当内部有积液的时候往往看不清楚，且使用者不能直接读取数值，要参照旁边的刻度，容易产生误差。新款胸腔引流仪的读数部分

(a)设计前　　　　　　　　　　　　　　(b)设计后

图 5-7　胸腔引流仪顶部界面设计前后对比图

与刻度都采用了透明背景，使读数变得更轻松。

4. 材质、色彩改良

色彩是最直接传递信息的视觉感官符号，在一件产品设计中它被赋予特定的情感和内涵。当代美国视觉艺术心理学家布鲁默说："色彩唤起各种情绪，表达感情，甚至影响我们正常的生理感受。"人们更容易被产品的色彩吸引，色彩使人对产品产生注意力，有助于使用者识别产品，对产品产生联想。

原有胸腔引流仪的色彩比较单调，刻度上面的黑白对比色不够柔和，令人产生紧张情绪。医疗器械产品的色彩设计，应该摒弃单调的纯色或与医院环境相近的颜色，以免使患者产生恐惧的心理。医疗器械产品一般用 2~3 种色彩为佳，而且医疗器械产品易选用纯度较低、对比不强烈的颜色，如低纯度的蓝色和绿色，以避免对使用者造成心理刺激。

新款胸腔引流仪采用白色和低纯度的蓝色进行色彩搭配，白色作为主色调，使用面积占 80%，蓝色作为辅助色调，使用面积占 20%，蓝色给患者带来清洁、安静的感觉，便于稳定患者的情绪。新款胸腔引流仪的刻度采用白色印刷，由于血液呈深红色，所以可以凸显出白色的刻度，利于读取数据。

新款胸腔引流仪设计以关怀设计为理念，通过对现有产品进行分析，经过结构的改良，外观的改进，以及对界面和材质、色彩的再设计，最终设计出一款安全性能高、使用操作合理、外观优美亲切的产品。医疗器械产品关怀设计的目的在于关注使用者的生理问题和心理感受，令使用者在使用该类产品的时候，不仅操作简单轻便，而且还能够获得心理上的满足。

➤➤➤ 任务 4
健康产品的关怀设计

5.4.1　产品设计前期调研分析

1. 设计背景信息

空气净化器（见图 5-8）起源于消防用途。1823 年，约翰和查尔斯·迪恩发明了一种新型的烟雾防护装置，它可使消防队员在灭火时避免烟雾的侵袭 。随着时代的进步和科技的发展，目前空气净化器的设计制作方式繁多，并且每一次技术的变革都为室内空气品质的改善带来显著的效果。虽然空气净化器种类繁多，但是它们的目的都只有一个：净化室内空气，提高人们的生活质量。

图 5-8　空气净化器

空气净化器是用来净化室内空气的家电产品，在居家领域、医疗领域、工业领域均有应用。在居家领域，空气净化器可分为系统式新风系统（又可分有热交换系统式新风系统和无热交换系统式新风系统两个子分类）和单机两类，主要用于解决由于装修或者其他原因导致的室内、地下空间、车内空气污染问题。

空气净化器一般主要由机箱外壳、风道、空气过滤网、电机、电源、液晶显示屏等组成。决定空气净化器使用寿命的是电机，决定空气净化器净化效能的是空气过滤网，决定空气净化器工作时是否安静的有风道、机箱外壳、空气过滤网、电机，选购空气净化器的关键指标是空气净化效能 CADR 值。目前市面上常见的空气净化器通常由高压产生电路、负离子发生器、电机、微风扇、空气过滤网等组成。空气净化器通过电机和微风扇将空气抽入机器内，通过内置的空气过滤网过滤空气，主要能够起到过滤粉尘、异味、有毒气体和杀灭部分细菌的作用。空气净化器所用的空气过滤网可分集尘过滤网、去甲醛过滤网、除臭过滤网和 HEPA 过滤网等。其中，成本比较高的空气过滤网是 HEPA 过滤网，它不仅能起到分解有毒气体和杀菌的作用，而且能抑制二次污染。

空气净化器工作原理图如图 5-9 所示。

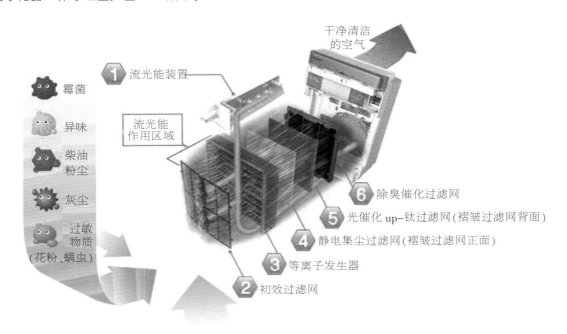

图 5-9　空气净化器工作原理图

空气净化器是本次设计主题，产品设计师在设计时可从产品的造型、多功能性、节能环保等方面寻找突破点，从设计出一款在人性化、多功能化等方面满足人们的需求的空气净化器。

2. 结构拆解

明确设计项目之后，请企业方为产品设计师做更深一步的讲解。企业方选择一款飞利浦公司的空气净化器样品，同时带来他们所生产的空气净化器的内部模型，以给予产品设计师更多的空气净化器知识。考虑到产品设计师在市面上只能看到空气净化器的外观，只能了解到空气净化器大概的工作原理，企业方把带来的样品拆分，以使产品设计师能够观看到它的内部结构。空气净化器结构拆解过程图如图5-10所示。需要指出的是，为了方便拿出里面的空气过滤网以对其进行清洗，市面上大多数空气净化器前面的面板都可以打开。也有些空气净化器从侧面取里面的空气过滤网。另外，还有些空气净化器采用了前置空气过滤网的设计方式，过滤装置的第一、三层是静电无纺布，第二层是活性炭，也有些空气净化器还带有紫外灭菌灯（在过滤装置最内层）。

图5-10 空气净化器结构拆解过程图

企业方的讲解，对产品设计师的设计来说是一个很大的帮助。产品设计师在做这样的一个现实性的产品设计时，需要专业人士提供一些意见。另外，产品设计师需要详细地测量空气净化器内部结构的尺寸，以为后期造型的合理性做准备。

3. 时间计划

在设计行为开始前，产品设计时必须对所有行为进行一个全面的衡量和分析，并做出符合实现设计需求的时间计划。制订时间计划时，要达到以下六个目的。

（1）明确设计内容，掌握设计目的。

（2）明确该设计自始至终所需的每个环节。

（3）弄清楚每个环节之间的相互关系及作用。

（4）弄清楚每个环节工作的目的及手段。

（5）充分估计每个环节所需要的实际时间。

（6）认识整个设计过程的要点和难点。

产品设计师在完成时间计划制订之后，需要将设计全过程中的内容、时间、操作程序绘制成时间计划表。时间计划表样式如图5-11所示。

4. 设计调查

1）实地考察

产品设计师去电器卖场和居民家庭环境进行现场考察，归纳整理通过市场调查所得的信息和通过网上搜集所

内容	计划	一月 1—8	9—17	20—24	27—31	二月 3—7	10—14	17—21	24—28	三月 3—7	10—14	17—21	24—18	四月 1—14	14—18	21—25	26—30	五月 1—9	12—16	19—23	26—30
课题的确定																					
调查准备	调查人物、地点																				
	调查工具、方法																				
调研	市场研究																				
	需要研究																				
	现有产品研究																				
	行为习惯分析																				
	技术生产条件																				
	综合分析																				
初步设计:构思草图	基本功能																				
	基本结构																				
	基本造型																				
展开设计	草图展开																				
	草模制作																				
	色彩设计																				
	可行性研究																				
实施设计	效果图																				
	制作模型																				
完成报告	报告书																				
	版面																				
实习																					
毕业论文审核																					
毕业设计开放周(答辩)																					

图 5-11 时间计划表样式

得的资料。另外,产品设计师还可通过咨询卖场里的消费者及居民,罗列出他们青睐的品牌并进行分析。

通过实地考察,产品设计师应完成以下工作。

(1)确定目标受众人群。

(2)确定调查方法,如街访、电话采访、深访、小组座谈等。

(3)访问,数据收集。

(4)数据处理、分析。

产品设计师在对产品品牌进行分析时,可画出市场同类产品分析图,图 5-12 所示的是市场上同类空气净化器分析图。

2)问卷调查

通过问卷调查,产品设计师可以有针对性地为家用环境设计一款空气净化器。通过问卷调查需要调查以下内容。

(1)产品本身的优缺点,以及对市场的影响。

(2)消费者对产品本身质量的评价。

(3)消费者购买产品的兴趣所在。

(4)产品在不同市场、不同环境中的需求量。

(5)产品价格的变化。

(6)产品本身的功能性、使用性。

(7)产品的规格、尺寸、结构框架和常用材料等。

(8)同类产品:品牌、类别、功能差异等。

问卷调查以问卷调研和网络调研为主,问卷有电话问卷、当面问卷和网络问卷三种形式。问卷内容要既详细、

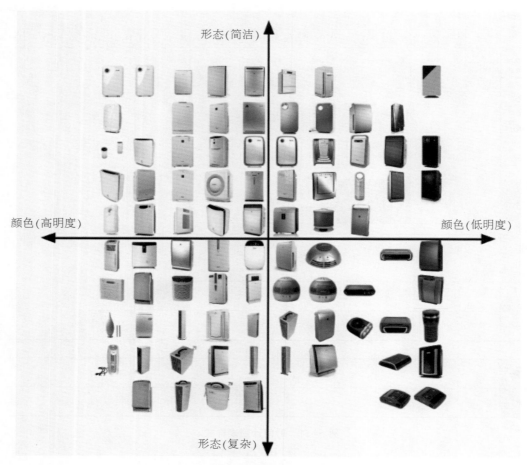

图 5-12　市场上同类空气净化器分析图

明确又易选择，尽量避免耽误调研对象的时间。在调研对象完成问卷填写后，产品设计师要收回并整理问卷，分类、计算数据并制成统计表，讨论、分析表中的数据，寻找能突破创新的设计切入点。

空气净化器调查问卷示例如下。

空气净化器调查问卷示例

性别：男（　）女（　）

1. 您的年龄是

   A.20 岁以下（　）　　　　B.20~30 岁（　）　　　　C.31~40 岁（　）　　　　D.40 岁以上（　）

2. 您对目前室内环境的空气质量是否满意？

   A.满意（　）　　　　B.不满意（　）

3. 如果您家存在空气质量问题，那么您会如何做？

   A.通风（　）　　　　B.摆放植物（　）　　　　C.空气净化器（　）

   D.空气清新剂（　）　　　　E.其他（　）

4. 您的月收入大概在

   A.1 000 元以下（　）　　　　B.1 000~3 000 元（　）　　　　C.3 000~5 000 元（　）　　D.5 000 元以上（　）

5. 您目前正在使用空气净化器吗？

   A.是（　）　　　　B.否（　）

6. 您是否愿意选购空气净化器来提高您的室内空气质量？

　　A.愿意（　） 　　　　　　　　B.不愿意（　）

7. 您认为一台空气净化器的合理价位是

　　A.2 000~3 000 元（　） 　　B.3 000~5 000 元（　） 　　　C.5 000 元以上（　）

8. 您更愿意购买什么样式的空气净化器？

　　A.壁挂式（　） 　　　　　B.落地式（　） 　　　C.吸顶式（　） 　　　D.移动式（　）

9. 选择空气净化器时主要考虑的因素是

　　A.外观（　） 　　　　　B.价格（　） 　　　C.知名度（　） 　　　D.其他（　）

10. 您购买空气净化器的主要目的是

　　A.清洁装修污染（　） 　　　　　　　　B.清洁空气中的细小颗粒（　）

　　C.防止二手烟污染（　） 　　　　　　　D.其他（　）

11. （可多选）您主要通过哪些途径了解空气净化器的品牌信息？

　　A.电视广播媒体（　） 　　B.网络媒体（　） 　　　C.户外广告（　）

　　D.朋友介绍（　） 　　　　　E.其他（　）

12. 您能接受哪种空气净化器宣传方式？

　　A.直接推销介绍（　） 　　B.提供免费试用（　） 　　C.影视广告（　） 　　D.散发宣传单页（　）

13. 您周围是否有朋友在使用空气净化器？

　　A.是（　） 　　　　　　　B.否（　）

14. （可多选）您认为空气净化器在哪些方面需要改进？

　　A.清洁效率（　） 　　　　B.噪声（　） 　　　C.使用方便性（　） 　　D.其他（　）

15. （任选三项）您现在拥有的或有倾向购买的空气净化器品牌有

　　A.飞利浦（　） 　　　　　B.美的（　） 　　　C.远大（　）

　　D.夏普（　） 　　　　　　E.松下（　） 　　　F.亚都（　）

16. （可多选）您认为空气净化器应该在哪些场合使用？

　　A.家里（　） 　　　　　　B.办公室（　） 　　　C.公共场合（　） 　　　D.其他（　）

访问全部完成，再次感谢您的支持！

通过对消费者的调查，产品设计师可以发现如下一些关于空气净化器的设计方向。

（1）颜色对于空气净化器的外观来说很重要，在调查中大部分人选择了白色的空气净化器，说明白色还是比较深得人心的。

（2）质量、功效、使用寿命是设计时需要考虑的重要因素。

（3）空气净化器的性价比在一定程度上决定了它的销售量。

（4）市面上大部分空气净化器的材质都是塑料的；材质影响空气净化器的外观、质感以及产品的质量，因此设计时要考虑到空气净化器的材质。

（5）空气净化器造型的多样性很重要。调查显示，大部分人更加喜欢现代简约型的空气净化器。

（6）空气净化器的控制方式有很多种，但是操作的简易性非常重要，市面上的大多数空气净化器操作起来还算简单，但是在形式上还有待改进。

（7）在选择品牌时，大部分人选择了飞利浦，这可能由于大家比较熟悉这个品牌。

（8）虽然多功能化会影响到空气净化器的成本以及它的实用效率，但是空气净化器的多功能化也是一个设计的趋势。

（9）空气净化器的价格是影响消费者购买的一个重要因素。

3）设计总结

（1）通过调查可以发现，人们在购买商品时，不再仅考虑产品的功能性，还会考虑许多关于美学、艺术等方面的因素，所以我们应该设计出一种新的产品，这种新的产品应该尽可能地包含这些因素，只有这样才能更好地满足用户的需求。

（2）空气净化器属于新兴产品，在外观上多以单一的方形为主，形象较为单一，产品功能也较为单一，发展空间比较大。

（3）设计空气净化器时，应在造型上有一定的创新，以满足人们对个性化、多彩生活的追求，在功能上应注重多功能一体化消费时尚的追求，同时满足人们节约资源的心理需求。

4）设计定位

（1）外观可以根据不同的使用人群来设计。

（2）使产品的造型更加多样化，使它不仅是一个家电，而且还是一件装饰品。

（3）使产品的操作、使用更加人性化。

（4）结合大部分消费者的消费需求使产品更加大众化，以使更多的消费者都能接受。

（5）适当地添加一些附加功能，如加湿功能、音乐功能等。

5.4.2　产品设计方案呈现

1. 创意涌现

产品设计师可采用头脑风暴和思维导图（见图5-13）的方式进行创意设计，从而产生新观点和解决问题的方法。

2. 方案制订

产品设计师可根据前期调查和产品的使用环境，通过头脑风暴发展出以下六个空气净化器的造型方向：白色田园风格、美式风格、新古典风格、现代风格、中式风格、北欧风格。根据每一种造型方向，产品设计师制订相应的方案。

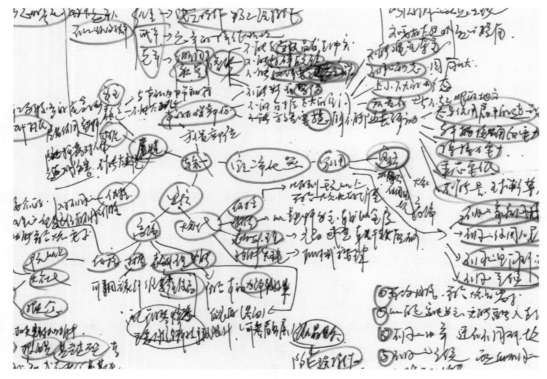

图 5-13　思维导图

3. 创意展开草图、结构分析草图绘制

在这一阶段，产品设计师根据上一阶段制订的方案，绘制创意展开草图（见图5-14）和结构分析草图（见图5-15）。草图绘制到一定程度后，为了去掉一些明显没有发展前景的设计概念，以集中精力对有价值的方案进行深化，产品设计师必须对所有的方案进行筛选（见图5-16）。通过初期的筛选，在得到一些较有发展前景的设计概念之后，接下来就可以在更窄范围内进行方案的深化了。

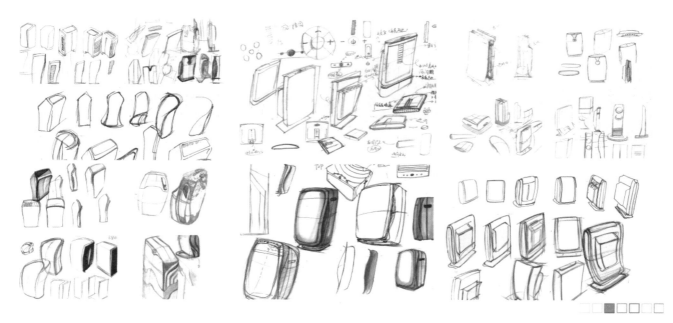

图 5-14　创意展开草图

图 5-15　结构分析草图

图 5-16　方案筛选

4. 方案深化

在这个阶段，产品设计师需要根据企业的要求和前期的设计定位，对绘制的草图进行深化。在这个阶段，产品设计师不仅要考虑产品的造型设计，而且还要考虑产品的配色、结构和人机工程等因素。产品设计师在这个阶段的主要工作内容是从使用者的生理需求和心理需求出发，深化前期制订的草图方案。多款经深化后的草图方案如图 5-17 所示。

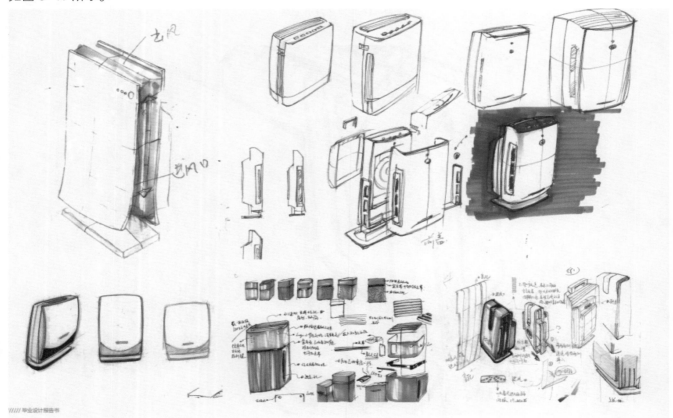

图 5-17　多款经深化后的草图方案

在之前的创意展开草图、结构分析草图绘制阶段，产品设计师很少考虑产品的生产加工，更不用提考虑产品的加工工艺、生产成本等了。本次课题是和企业合作的实体项目，所以产品设计师在方案深化阶段必须考虑产品的加工成本、加工工艺、现有的技术要求等限制因素。

对比图 5-14 和图 5-17 可发现，经过深化后的草图比之前经头脑风暴后的创意草图严谨、完整，很多细节也表现得更具体。

在方案深化阶段，产品设计师还需要在深化完草图之后挑出几款更合理的设计方案。在本案例中，产品设计师共挑选出三款继续深化的方案。产品设计师接下来就要针对这三款方案进行更深一步的设计了。

5. 最终方案确定

经过创意手绘、方案筛选、方案深化，设计方案变得更加完善，产品设计师接下来要做的就是综合考虑产品的外观、结构、模具等因素，确定最终方案。在本案例中，空气净化器方案定稿图如图 5-18 所示。最终方案确定后，产品设计师需要具体地考虑产品的结构和模具制造。虽然本设计是针对企业新产品开发所做的设计，但是空气净化器内部许多结构都是既定的，所以产品设计师在实现自己创意外观的同时，需要满足企业方的内部结构要求。

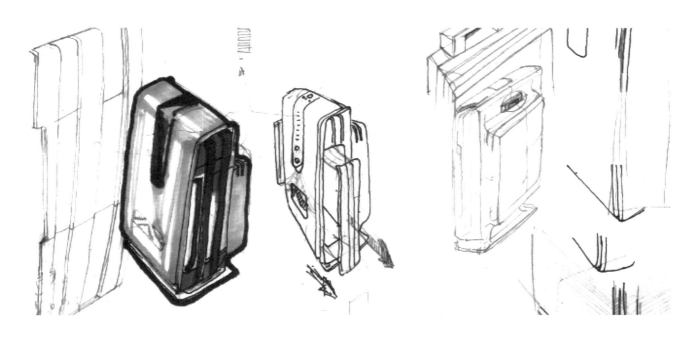

图 5-18　空气净化器方案定稿图

6. 草模制作

最终方案确定之后，产品设计师需要研究产品的比例、尺寸，确认细节布局是否合理、产品是否满足消费者的使用习惯，并制作草模。草模的制作可以培养产品设计师分析和解决出现的各种问题的能力，以保证产品设计师可以通过产品模型真实地反映设计构思，快速地验证设计想法，因为手可以触碰到的真实的东西要比仅仅停留在草稿纸上的方案更真实，所以通过制作草模，可以更好地验证产品尺寸是否合理。另外，通过草模的制作，还可以发现很多方案中发现不了的东西。空气净化器草模制作过程如图 5-19 所示。

7. 人机工程推敲

所谓人机工程学，就是指应用人体测量学、人体力学、劳动生理学、劳动心理学等学科的研究方法，对人体

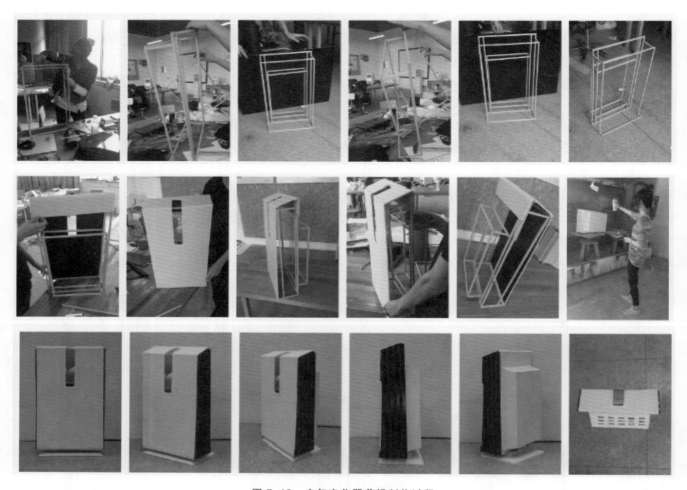

图 5-19　空气净化器草模制作过程

结构特征和机能特征进行研究，提供人体各部分的尺寸、重量、体表面积、比重、重心以及人体各部分在活动时的相互关系和可及范围等人体结构特征参数，提供人体各部分的出力范围以及动作时的习惯等人体机能特征参数，分析人的视觉、听觉、触觉以及肤觉等感觉器官的机能特性，分析人在各种劳动时的生理变化、能量消耗、疲劳机理以及人对各种劳动负荷的适应能力，探讨在人的工作中影响人心理状态的因素以及心理因素对工作效率的影响等的一门交叉学科。

草模制作完成后，通过人机工程推敲，即利用不同的人来验证和测绘产品与人接触部位的高度、尺寸、角度、弧度等相关的人机工程数据，如图 5-20 所示，可以使生产出的产品具有更好的用户体验。

图 5-20　人机工程推敲

进行人机工程推敲时，主要验证以下几个方面。

（1）产品在尺寸、形状及用力上与人是否具有很好的配合。

（2）产品是否方便使用。

（3）产品是否能避免使用者操作时受到意外伤害和错用时产生危险。

（4）各操作单元是否实用，各元件在安置上能否使其意义毫无疑问地被辨认。

（5）产品是否便于清洗、保养及修理。

8. 界面设计

界面设计是 UI 设计的重要组成部分，UI 设计是针对软件的人机交互、操作逻辑、界面美观的整体设计。好的 UI 设计使产品操作起来舒适、简单，甚至有个性、有趣。空气净化器需要进行面板的设计，产品设计师应从关怀设计入手，通过美观的界面给空气净化器使用者带来视觉上的享受，拉近人与机器的距离，制造商业的卖点。

空气净化器界面设计草图如图 5-21 所示。

图 5-21　空气净化器界面设计草图

根据空气净化器界面设计草图，通过 UI 设计得到空气净化器界面设计定案效果图如图 5-22 所示。由图 5-22 可知，空气净化器的整个 UI 界面由开关模块、呼吸灯模块、定时模块、模式模块、负离子模块、风速模块、更换滤芯模块和 logo 模块八个部分组成。

（1）开关模块。当空气净化器启动的时候，开关按钮周围的光环亮起。

（2）呼吸灯模块。呼吸灯分为光条呼吸灯和光圈呼吸灯两种，其自身的颜色会随着空气质量的优劣发生变化。呼吸灯具有红色、黄色、蓝色三种颜色，它们分别表示空气的质量为差、中、优，若空气质量差，则空气净化器会发出警报声。

（3）定时模块。根据时钟表示的面积区域，定时模块具有四个不同的时间单位。

（4）模式模块。模式分为睡眠模式和自动模式两种。

（5）负离子模块。负离子模式分为产生负离子模式和不产生负离子模式两种。

（6）风速模块。空气净化器具有三种不同的风速模式。

（7）更换滤芯模块。空气净化器会自动检查滤芯是否需要更换，若需要更换，则指示系统会自动提示。

（8）logo 模块：显示合作企业标识。

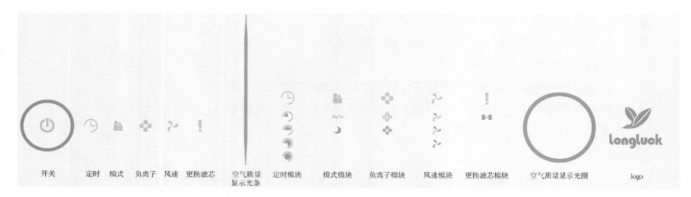

图 5-22　空气净化器界面设计定案效果图

9. 计算机辅助产品设计

在该阶段，通过计算机辅助设计绘制空气净化器效果图，如图 5-23、图 5-24 所示。

图 5-23　空气净化器二维效果图

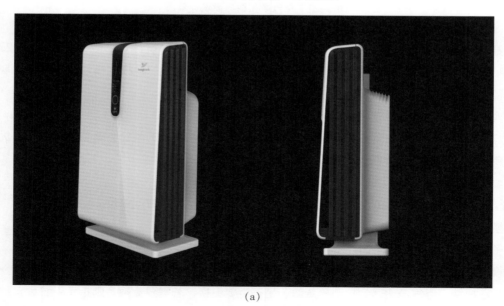

（a）

图 5-24　空气净化器三维效果图

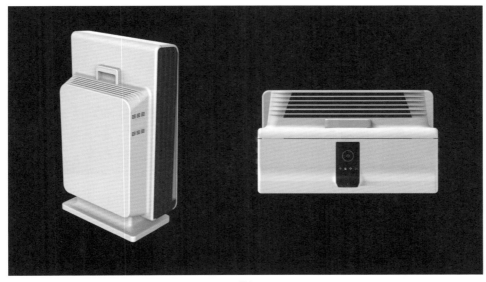

（b）

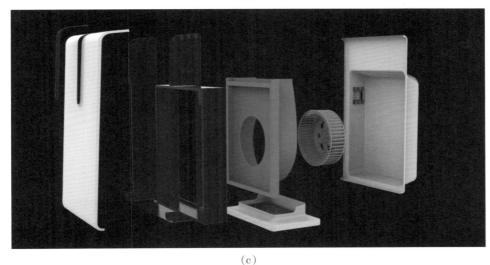

（c）

续图 5-24

10. 手办模型制作

（1）工程文件创建与 CNC 编程（见图 5-25）：将 Rhino 文件转换成 Pro/ENGINEER 的工程文件，再将 Pro/ENGINEER的工程文件与 Mastercam 对接，编写 CNC 程序。

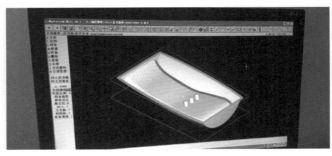

图 5-25　工程文件创建与 CNC 编程

（2）模型加工：根据编好的程序，开始 CNC 工件的铣制工作（见图 5-26）。

图 5-26　CNC 工件的铣制工作

（3）初期模型完成。若铣出的工件（见图 5-27）有瑕疵，则需要人工进行进一步的修复工作。

图 5-27　铣出的工件

（4）模型打磨与组装（见图 5-28）：操作人员对模型进行打磨与组装。

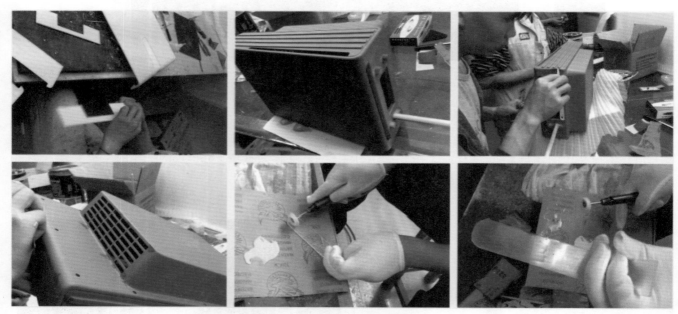

图 5-28　模型打磨与组装

（5）喷漆处理（见图 5-29）：操作人员对完成修复、打磨后的模型进行后期的表面喷漆处理。因为颜料对人体的危害很大，所以操作人员在喷漆的过程中要特别注意自我的保护工作。

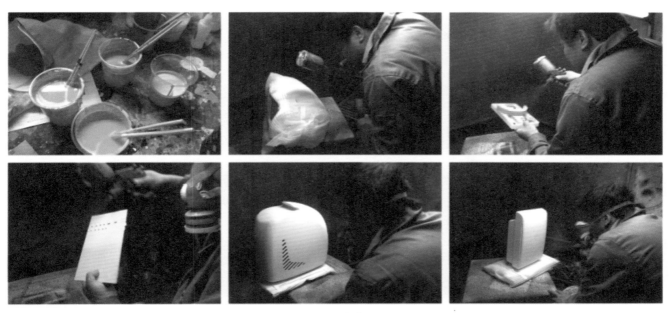

图 5-29　喷漆处理

至此，手办模型就制作成功了，如图 5-30 所示。

图 5-30　空气净化器最终实物照片

项目 6

基于"创新思维"的
创新产品设计

JIYU CHUANGXIN
SIWEI DE
CHUANGXIN
CHANPIN SHEJI

>>> 任务 1
主 题 综 述

6.1.1 课题背景 ▼

创新产品设计不仅仅是指造型设计，不仅仅限于做出形态感很强的产品。创新产品设计是指当前没有同类功能的创造性的全新产品的设计，创新是为人类创造新的生活体验。创新产品设计的最大特征就是产品设计师通过对人和社会的仔细、深入的观察、分析，发现人和社会新的功能需要，从而设计出满足这种功能需要的创新产品。

本项目主要针对创意大赛，因而没有明确的设计任务，这种没有明确设计任务的设计更需要大量的创意，更需要创意设计师发现人们潜在的痛点或社会和时代的某种需求。产品设计中的创造性是通过根据现代人们生活、工作、情趣等的需求，创造前所未有的生活、生产工具、用品——新产品体现出来的。

6.1.2 项目设定 ▼

【案例】 创新产品快题设计。

【项目来源】 创新产品设计大赛。

【项目背景】 创新产品的设计项目是依据创意设计师在平常生活中体验生活、观察社会、研究发现人们的生理需求和心理需求而提出的设计项目。创新产品设计由于没有现成的同类产品做参考，所以需要创意设计师通过一系列科学的思维和实验过程才能取得设计成功。当然创意设计师可参考一些功能相近的产品的机构和结构，以获得设计思维经验。

【设计要求】 创意设计师在进行创新产品设计时，首先要确定所需要解决的问题的性质和条件，然后寻找各种可以解决问题的可能性，最后对各种可能性进行进一步的科学分析，通过择优的方法确定解决问题的可行性方案。随着科技、文化、经济的发展，新问题、新要求、新希望层出不穷，不同性质的问题、要求，需要不同的人造物来与之相适应。创新产品的内容和范畴无法限定和预测，设计思维和设计方法随情况不同而不同。

6.1.3 教学设置 ▼

1. 教学目标

本项目主要讲授设计思维的理论及方法，旨在介绍设计思维的概况。本项目通过对现代设计理论的分析，能够促使学生理清思路，把握创新的原则，进而使学生能够提出更符合既定目标的创新方案，使观者耳目一新。

2. 教学重点

设计思维的核心是创造性思维，它存在于设计过程的每个阶段。设计中的任何问题都可以有多种解决方法，这些解决方法在创新性、目的性、实用性、发散性、独创性和灵活性等方面又都各有不同。

3. 教学内容

1）设计前期

（1）定义：确定设计动机。

（2）调研：搜集信息，调研目标群体。

（3）分析：信息提取（建立素材库），确定基本设计方向。

2）设计中期

（1）构思：逆反的设计思维与方法、发散的设计思维与方法、突破固定模式的设计思维与方法、寻找"标准"（是设计思维的关键）、设计诊断的思维与方法、"寻找不同点"的思维训练（从多条路径思考问题）、头脑风暴的设计思维与方法。

（2）设计草图：系统的设计思维与方法、布局的设计思维与方法。

（3）设计深入：方案可行性评估、方案改进、草模制作。

3）设计后期

（1）建模渲染：方案呈现。

（2）设计展示：故事版、视频、包装、设计说明版面等。

》》》任务 2
教 学 启 发

6.2.1　主题理解　▼

设计是需要一定的方法的，创新设计往往需要一些独创的思维方法。从设计流程的角度来看，创新设计首先就是要发现问题，因为如果连问题都发现不了的话，接下来根本就谈不上创造性地解决问题。由此可见，观察是设计思维的第一步，不会观察就根本不会发现问题，继而无法去进行思维，这就好比一名技术娴熟的枪手在开枪前必须清楚射击的对象在哪里一样。所以，进行创新设计时，创意设计师首先要用一些手段去观察，找到市场的空白点。

找到问题之后，接下来就要解决问题了，这需要经过一系列的发散思维和收敛思维，对问题进行解读。解读问题的过程也需要一些创造性的思维方式，如角色人物法、体验图法等，前文对此已经阐述过，这里就不再展开。

经过对问题进行解读和思考，最终得出一个或者多个解决方案。若得出多个解决方案，则可通过投票等方式选择出最优的解决方案。解决方案确定后，接下来要做的就是方案呈现了。方案呈现时，会用到诸如速写草图、草模、建模渲染等一系列表现手段。

6.2.2　主题启发　▼

1. 导入方式一：生活方式导入

关注生活，在生活中寻找创意点。一个好的创意设计师一定是一个热爱生活、具备很强的洞察力的人。只有通过将与生活相关的经验整合在一起，才能有无尽的创新思维的来源。创新的角度有很多，创新可以是新材料的创新、新技术的创新、满足特殊人群的创新、满足特殊环境的创新……创新的方向太多了，我们如何下手呢？考虑到一切创新都是为了满足人类的需求，本次课题决定从特定人群的生活方式入手，以识别潜在的创新机会。

创意设计师可以通过体验、观察、访问、问卷调查等方式了解不同的人群多样化的生活方式，然后设定一个

图 6-1　目标人物——时尚女性 Lily 的画像

目标人物，了解他一天的生活方式，并通过故事描绘出来。

1）目标人物设定：时尚女性 Lily。

通过观察、访谈和感同身受的方式，我们设定了目标人物——时尚女性 Lily。Lily，25 岁，居住在大城市的本地人，家庭条件优越，有房有车，公司白领，未婚，热爱购物。目标人物——时尚女性 Lily 的画像如图 6-1 所示。

2）生活方式的过程描述

Lily 的一天：Lily 周末准备和闺蜜一起购物、聚餐，前一天晚上她已经通过微信约了闺蜜，Lily 喜欢尝试新鲜事物，所以约的地点是新开的大型商场；出门之前，Lily 打开衣柜挑选合适的衣服，试了半天却总是找不到最合适的，于是穿上了最常穿的一套衣服出门了；周末上午交通拥堵，有一段高架道路在局部维修，导致 Lily 整整被堵了半个小时；终于到了商场的地下车库，Lily 开车绕了半天才找到停车位停车；车停好后，Lily 下车，匆匆忙忙地往电梯方向跑，跑到电梯口突然想到自己好像忘记锁车了，跑回去看了一下，原来车已经锁上了；Lily 终于在商场里面的星巴克见到了闺蜜，她们坐到靠窗的位置，点好的咖啡和蛋糕送上来后，Lily 先拿起手机拍照并将照片上传到微信朋友圈，然后和闺蜜开心地聊起天来，她们聊到了工作、男朋友、新买的包包、出国旅游计划等；喝完咖啡、吃完蛋糕后，她俩开始逛商场，大包、小包地买了一大堆东西；一天就这样愉快地度过了，到傍晚，Lily 准备开车回家；Lily 到了地下车库，傻眼了，车库里有好多车，Lily 找了半个多小时才找到自己的车，找车真把拎着大包、小包的 Lily 累坏了；晚上回到家后，Lily 简单地吃了点饭，就洗漱上床了，但在睡觉前她又玩了很久的手机。

3）问题与机会分析

从上文所述的 Lily 的一天我们可以看出所存在的问题与机会在哪里，具体总结如下。

（1）问题与机会一：出门找不到合适的衣服。

（2）问题与机会二：开车出门，交通拥堵。

（3）问题与机会三：忘记锁车门。

（4）问题与机会四：手机拍照分享。

（5）问题与机会五：在地下车库找不到车。

可以通过集体投票的方式来选出最有改善空间的机会，可以通过文字描述的方式来探讨机会。探讨机会时，要重视团队成员的参与性，可要求每位成员都提出自己的观点。

4）问题解读和创意发散

针对上面的问题，我们需要重新去解构，以找到合适的解决方案，如第一个问题出门找不到合适的衣服，如果针对这个问题展开的话，那么我们可以从哪些角度去思考呢？这就需要我们进行实地的调研考察。通过实地的调研考察，我们发现导致出门找不到合适的衣服的原因有很多。具体原因包括：其一，衣柜太深、太暗，导致放在里面的衣服看不到；其二，衣服放置不合理，一年四季的衣服混放，甚至一家人的衣服在一个衣柜，找起来如大海捞针；其三，买的衣服色彩丰富，但是搭配的时候要费时间和精力，而平时太忙了就只穿搭配好的几套。当然还有更多的原因，这里就不一一阐述了。

在这个时候，我们已经有了设计的方向，可以团队讨论，进行创意的发散。这个过程要求每位成员都能够积极参与，可采用头脑风暴的方式促进大家的交流。

我们发现，经过细致的观察、思考、体验可以发现表象问题下的多种原因，所产生的解决方案也因此多种多样起来。例如，针对衣柜太深、太暗的问题，我们可以在衣柜里面设置照明设备，或者设计一些抽拉式箱子（见图 6-2）。再例如，针对衣服放置不合理的情况，我们可以聘请专业人士帮忙。网络调研发现，在日本，收纳师是一种职业，而且分得很细致，不但有衣柜收纳师，而且还有行李收纳师。另外，从事这个工作还需要考证。还例如，针对第三个问题，可以采用按衣服色彩分区的方式：冷色系衣服放一侧，暖色系衣服放另一侧，无彩色衣服放在中间。问题很多，解决的方式也很多。我们甚至可以设计智能配衣系统，在衣柜的表面做个屏幕，将衣柜里面的衣服图片存入系统中，使人们可以像 QQ 秀一样搭配衣服，而不用去开衣柜搭配，这样等衣服搭配好了，可以直接去衣柜中将衣服拿出来穿。其实找到了问题之后，我们不必直接去想解决方案，可以通过网络搜索、与专业人士聊天、问卷调查等方式，看看市场上已经有什么解决方法，这样做可以促进我们的思维扩展。

图 6-2　用于衣柜的抽拉式箱子

以上的分析从表面上看是完全发散的、凭感觉的。其实我们可以套用一些设计创意发散法如目的发散法来进行分析。目的发散法有助于整理思维，是一种结合使用逻辑思维和发散思维的思维方法，即是一种有逻辑的发散思维方法。

运用目的发散法，按照目的与手段的顺序去思考，有助于在短时间内产生大量的创意，且目的和手段重叠，上一层的手段就可能是下一层的目的。运用这种方法时，首先要考虑产品的目的。这里以在衣柜里面找不到合适的衣服为案例来层层剖析。如果扩大衣柜的功能，那么衣柜要能"有效地放置衣服，同时便于客户取用"。如果发生想不出来目的和手段的状况，就可以结合使用"否定法"，如将"有效地放置衣服，同时便于客户取用"转换成"为什么衣服不容易找到？"

5）创意表现

前期的研究大多通过文字来呈现。到创意表现阶段，就可以进行草图的绘制了。图形有助于我们更加视觉化、情感化地呈现创意构想。

团队成员先把解决方案描绘出来，再进行技术、文化、社会趋势等方面的可行性分析，从而进行方案的筛选，确定最优的产品概念。

6）创意深化

针对刚才的问题与机会分析，我们选择忘记锁车门这个问题进行深入的设计研究。我们经过多方调查发现，很多开车的人士都会遇到这个问题，有很多人经常担心车门没有锁上，所以要拉拉车门确认一下，还有很多人走了很远但不放心，还要再回来确认车门有没有锁上。

我们通过对汽车的调查也发现，汽车直接具备自动锁车功能，存在很多隐患，比如如果车主在汽车熄火后出了车门但是钥匙没拿，此时自动锁车功能启动锁住了车门，汽车就打不开了。对于现有的一些汽车，常发生的状况是车主在下车后忘记锁车，而在车主下车后车门是不会自动锁闭的。在车门锁着的情况下，车主按下遥控器的开门键，可以将车门锁打开，但是若此时车主没有打开车门进入车内，则车门会在 15 秒后自动锁闭。

7）方案呈现

基于以上研究，我们接下来展开设计创新的讨论，以期找到最简单有效且成本又低的解决方案。在最终的创意概念生成后，制作效果图，表现创意概念。

在本案例中，我们设计了一款自带灯光和声音提醒的汽车钥匙（见图6-3）。停车之后，车主拔下钥匙，离开了车子，若车门没有锁闭，则钥匙上的红灯就会不停地闪烁。如果此时车主还是没有意识到车门没锁，且离开汽车超过钥匙的遥控锁车范围，钥匙就会发出警报。

图6-3　自带灯光和声音提醒的汽车钥匙

2. 导入方式二：社会热点分析

我们每天都会看大量的新闻报道。在网络经济时代，我们每天接收的信息量就更大了。看新闻报道时，有些人看到的只是发生在身边的一件件事件，而有些人如主动思考的人就会去深挖新闻背后存在的问题，继而做出一些满足时代的创新设计。要想发现热点并提取到可以发展的设计点，需要进行一些理性的分析和感性的思维拓展。

基于大数据的广泛使用，通过网络我们会发现很多社会问题，比如说在网络上搜索空调的时候会出现"空调病"，针对这个广泛存在的问题，海尔公司就设计了一款惊艳大家眼球的空调——天铂空调。从外形上来说，天铂空调颠覆了我们对空调传统外形的认知。圆形的外观、中间被"凿"出的圆形出风口、镂空设计的侧面进出风栅栏、行业首创空气射流技术，完全颠覆了挂式空调长达50余年的传统外观和体验感。对于大多数人来说，使用空调最担心的一点就在于，使用过多会很容易得"空调病"。而天铂空调让人称奇的不仅仅是其具有颠覆性的外观，其行业首创空气射流技术更是引人注目。这种技术使吹风更加舒适、安全、健康，有效降低了"空调病"的发病率。

1）热点搜集

（1）成立4人设计小组，安排各成员通过回忆、网络资料搜集等方式列出印象深刻的社会热点问题，要求每人不少于10个。

（2）采用小组讨论的方式展开设计课题探讨，搜集的社会热点问题有很多具有创新的价值。例如，儿童医院候诊时间过长，人们经常从上午等到下午，中途不敢离开。再例如，当代高层住宅经常出现儿童坠亡事故。还例如，暴雨天积水导致车辆熄火、车门打不开，甚至导致车内人员死亡。还有很多有意义的社会热点问题，这里就不一一罗列了。从这些问题当中选择一个进行深入分析、研究。

2）热点解读

【案例一】　2012年7月21日，北京遭遇61年来最大暴雨，丁先生驾车被困在广渠门桥下，由于打不开车门，在车内溺水罹难。2012 年 7 月 21 日晚，暴雨袭京。由于广渠门桥下地势低洼，有 5 辆车被困于积水中，丁先生就在其中。丁先生的同事事后告诉央视记者，当时丁先生以为越野车可以蹚过水，没想还是在水中熄了火。

【案例二】　2015 年 2 月 2 日，位于济南上海花园与工业北路交叉口的铁路桥桥洞，由于持续降雨而积水严重。此时 63 岁的市民刘强（化名）急着出去办事，一大早就开着车急匆匆出了家门。当他开车走到桥洞的时候，由于着急，没看清桥洞里的积水情况，直接将车开了进去。悲剧的是，正好这个桥洞里有个大坑，加上桥洞积水，刘强开车到这里后便深陷坑中，为积水所困。车辆熄火，他几次尝试也无法启动。而此时，桥洞积水还在继续上涨。这让他很着急，没有办法，他想打开车门逃生。可是，由于积水越来越多，水很快涨到了车窗位置，汽车的两侧车门都已无法开启。水越来越深，积水已淹没了车头和车屁股，而刘强却无法逃生，更要命的是，车里也开始进水……

3）问题解读和创意发散

在城市中雨天积水会导致开车的人身亡，虽然听起来有点不可思议，但绝不是危言耸听。城市中雨天积水导致开车的人身亡的原因可能是多方面的：一是城市地下排水措施不完善；二是地面道路不平整，有些地方地势低洼；三是开车的人缺少对汽车知识的了解，同时对积水深度了解不清楚；四是汽车熄火之后车窗、车门打不开，存在安全隐患。运用目的发散法，可以从以上四个角度去分析和解决问题。

4）方案呈现

在现代化程度较高的城市中有许多的立交桥、铁道桥，这些桥梁设施为人们的出行提供了便利，但是这些桥下的道路大多呈 U 形，在雨水天气时容易积蓄大量雨水从而给出行车辆带来很大不便甚至很严重的安全隐患，尤其是在降雨量过大时，出行车辆在不明桥下积水深度的情况下很容易发生熄火、导致车内人员逃生困难等恶性交通事故，这些安全隐患严重地危害着驾车出行人员的生命安全。所以我们设计了一款电子水深探测器（见图 6-4）。将电子水深探测器安装在桥下 U 形路面最低点。在雨水天气，电子水深探测器能够通过将 U 形路面上的水对感应器的压力感应形成的电信号转换为无线信号发射给桥外的 LED 指示牌，形成具体的可视化数值，同时通过颜色的变化告知出行车辆桥下水位深度以及是否安全，从而大大地减少雨天出行时由桥下积水造成的恶性交通事故，为人们提供了安全出行的保证。

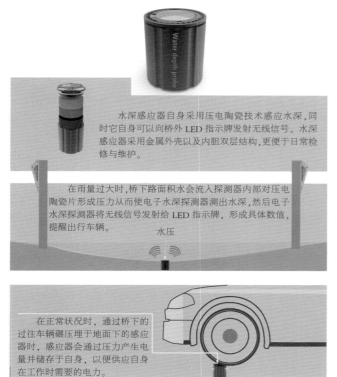

图 6-4　电子水深探测器

任务 3
源于"清洁"主题的创新产品设计

本次创新设计主要采用生活方式导入的方法，主题确定为"清洁"，主要从家居清洁问题入手，对日常的家务特别是清洁、清理进行思考。思考时要注重每一件小事，在思考时要观察每个人是如何完成清洁工作的，以保证通过后期的创新使他们的工作变得更加省时、省力。

根据这一主题内容，我们先发放近千份网络调查问卷，根据网络调查问卷开展更加深入的研究，同时也对身边的人开展问卷调查，以从他们的反馈当中获得一些灵感。此外，我们还要拜访住户、观察他们的生活，由此来构想现代中国的生活及其理想状态。这次设计的核心并不是要寻找主题的"答案"，而是发现"问题"，只有好的问题才会带出好的回答。

6.3.1 前期设计调查

本次课题主要采用生活方式导入的方法，因而我们首先要明确观察方向，因为家居清洁的问题主要体现在不同的房间环境有不同的清洁需求，所以观察从不同的环境入手。

1. 网络资料收集

（1）玻璃窗清洁：玻璃窗是我们在家里不怎么进行打扫的地方，也是一个比较令人苦恼的地方，玻璃窗清洁起来非常不方便，特别在高楼层的玻璃窗清洁起来还很危险。

（2）厨房清洁：厨房是我们进行清洁工作最多的地方，清洁厨房时用到的工具也是最多的，出现的清洁问题也比较多。

（3）客厅和卧室清洁：在客厅中往来的人比较多，地面很容易脏，客厅中一些死角的地方清洁起来比较麻烦；卧室的地面大多铺有地毯，没有铺地毯的卧室地板清洁起来也比较吃力，而且卧室内的毛发问题比较突出，清洁起来不是很容易。

（4）卫生间清洁：卫生间的清洁是比较麻烦的，卫生间里很容易产生卫生死角，在卫生死角滋生着大量的细菌，而且卫生间内毛巾的随处摆放容易引起卫生问题。

（5）阳台清洁：一般我们将清洁工具存放在阳台，由于阳台多用来晾晒衣服，所以一般的阳台清洁就是清理地面上的积水。

2. 市场调查

通过观察不同的家居环境，我们可以发现不同的问题。同时，我们还需要对市场上的清洁产品进行调研，然后根据产品的使用环境进行分类，如图6-5所示。

3. 问卷调查

对"清洁"问题展开问卷调查。关于清洁的用户调查问卷示例如下。

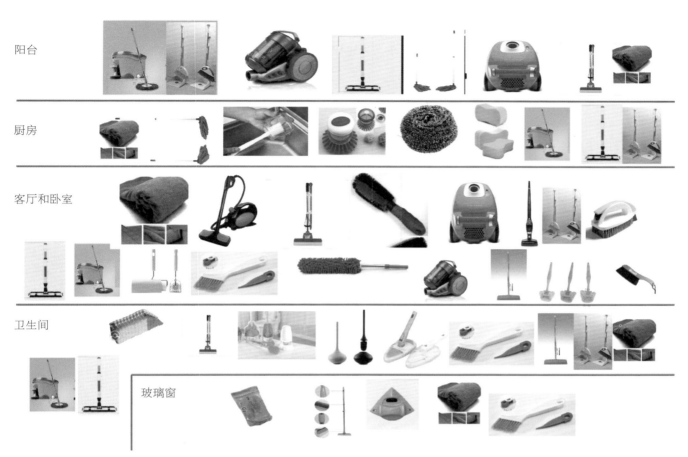

阳台

厨房

客厅和卧室

卫生间

玻璃窗

图6-5 对市场上的清洁产品进行调研并分类

享受清洁——用户调查问卷

您好：

我们是苏州工艺美术职业技术学院大三的学生，在做一份以"享受清洁"为主题的用户调查问卷。希望得到您的配合，您所提供的信息将会为我们下一步的设计工作提供依据，我们也会将此次设计课题的最终成果公布在我们的微博（http//weibo.com/u/3097152923）上。

填写说明：在填写中只要按照您的实际情况填写就可以了。

1. （单选题，必答）您的基本信息：

您的性别：男○ 女○

您的年龄：20岁以下○ 21~25岁○ 26~30岁○ 31~40岁○ 41~50岁○ 51~60岁○ 61岁以上

您的职业：学生○ 自由职业者○ 设计师○ 职员○ 待业人员○ 工人○ 公务员○ 老师○ 其他○

2. （单选题，必答）你的家庭形态是：

单独居住○ 与父母家人居住○ 夫妻（双职）（有孩子）○ 夫妻（双职）（无孩子）○ 专职家庭主妇（有孩子）○ 专职家庭主妇（无孩子）○

3. （矩阵单选题，必答）家庭各部分的清洁频率？

	每天	每周2至3次	每周1次	2至3周一次	每月1次	半年1次	每年1次	不清洁
卫生间(含浴室)	○	○	○	○	○	○	○	○
厨房	○	○	○	○	○	○	○	○
客厅	○	○	○	○	○	○	○	○
卧室	○	○	○	○	○	○	○	○
阳台	○	○	○	○	○	○	○	○
玻璃窗	○	○	○	○	○	○	○	○

4. （矩阵单选题，必答）在清洁客厅时使用什么工具？

	有,且每次都用	有,偶尔用	有,但基本不用	没有
吸尘器	○	○	○	○
地板擦	○	○	○	○
扫帚	○	○	○	○
清洁布(抹布)	○	○	○	○
清洁刷	○	○	○	○
拖把	○	○	○	○
掸子	○	○	○	○
高压蒸汽清洁器	○	○	○	○

5. （矩阵单选题，必答）在清洁卧室时使用什么工具？

	有,且每次都用	有,偶尔用	有,但基本不用	没有
吸尘器	○	○	○	○
地板擦	○	○	○	○
扫帚	○	○	○	○
清洁布(抹布)	○	○	○	○
清洁刷	○	○	○	○
拖把	○	○	○	○
清洁刷	○	○	○	○
掸子	○	○	○	○
高压蒸汽清洁器	○	○	○	○

6. （矩阵单选题，必答）在清洁阳台时使用什么工具？

	有,且每次都用	有,偶尔用	有,但基本不用	没有
地板擦	○	○	○	○
扫帚	○	○	○	○
清洁布(抹布)	○	○	○	○
拖把	○	○	○	○
清洁刷	○	○	○	○

7. （矩阵单选题，必答）在清洁卫生间（含浴室）时使用什么工具?

	有,且每次都用	有,偶尔用	有,但基本不用	没有
拖把	○	○	○	○
清洁刷	○	○	○	○
扫帚	○	○	○	○
地刮(刮拭器)	○	○	○	○
抹布	○	○	○	○
马桶刷	○	○	○	○
清洁海绵	○	○	○	○

8. （矩阵单选题，必答）季节对卫生间（含浴室）清洁的影响?

	每天	每周 2 至 3 次	每周 1 次	2 至 3 周一次	每月 1 次
春季	○	○	○	○	○
夏季	○	○	○	○	○
季季	○	○	○	○	○
冬季	○	○	○	○	○

9. （可多选，必答）在卫生间（含浴室）中什么部分难以清洁?

浴盆○　坐便器○　镜子○　洗脸盆和洗脸台○　玻璃门（浴帘）○　防滑垫○　墙面○　地面○

10. （矩阵单选题，必答）卫生间（含浴室）各部分的清洁频率如何?

	每天	每周 2 至 3 次	每周 1 次	2 至 3 周一次	每月 1 次	半年 1 次	每年 1 次	不清洁
浴盆	○	○	○	○	○	○	○	○
坐便器	○	○	○	○	○	○	○	○
镜子	○	○	○	○	○	○	○	○
洗脸盆和洗脸台	○	○	○	○	○	○	○	○
玻璃门（浴帘）	○	○	○	○	○	○	○	○
防滑垫	○	○	○	○	○	○	○	○
墙面	○	○	○	○	○	○	○	○
地面	○	○	○	○	○	○	○	○

11. （矩阵单选题，必答）清洁玻璃窗时使用什么工具?

	有,且每次都用	有,偶尔用	有,但基本不用	没有
清洁布	○	○	○	○
清洁刷	○	○	○	○
刮擦窗器	○	○	○	○
双面刮擦窗器	○	○	○	○

12. （矩阵单选题，必答）厨房各部分的清洁频率如何？

	每天	每周2至3次	每周1次	2至3周一次	每月1次	半年1次	每年1次	不清洁
地面	○	○	○	○	○	○	○	○
操作台	○	○	○	○	○	○	○	○
橱柜	○	○	○	○	○	○	○	○
抽油烟机	○	○	○	○	○	○	○	○
餐具	○	○	○	○	○	○	○	○
烹饪工具	○	○	○	○	○	○	○	○

13. （矩阵单选题，必答）在清洁厨房时使用什么工具？

	有,且每次都用	有,偶尔用	有,但基本不用	没有
拖把	○	○	○	○
清洁刷	○	○	○	○
清洁海绵	○	○	○	○
扫帚	○	○	○	○
抹布	○	○	○	○

14. （矩阵单选题，必答）在家庭的擦拭清洁中，使用什么样的工具？

	有,且每次都用	有,偶尔用	有,但基本不用	没有
吸尘器	○	○	○	○
抹布	○	○	○	○
刮拭器	○	○	○	○
掸子	○	○	○	○
清洁海绵	○	○	○	○

15. （填空题，必答）在家庭的清洁工作中，什么部分比较难以处理？请描述您的困扰。

_____

16. （填空题，必答）在家庭的清洁工作中，什么工具难以使用？请告诉您的发现。

_____

17. （填空题，必答）分享您的清洁好点子，让更多的人享受清洁。

_____

_____

调查全部结束，再次感谢您的支持！

4. 入户访谈

我们需要先撰写入户访谈手册，进行入户访谈预演，根据预演的情况调整入户访谈的问题，然后到受访者的家里进行采访，并对现场进行考察、拍照（见图 6-6），以了解真实的家庭清洁情况，从中寻找可用于创新产品设计的机会点。

图 6-6　入户访谈时所拍照片

经过实地考察多个家庭，我们搜集到了大量的问题。此时，我们要结合图文，现场抓取更具体的关键点。前期调研资料分析如图 6-7 所示。

图 6-7　前期调研资料分析

6.3.2　机会缺口分析

根据前期的设计调研，找到相应的关于家庭清洁的痛点，然后进行机会缺口分析，并通过投票的方式选择可以发展的方向，进行深入的研究。机会缺口分析示例如图 6-8 所示。

图6-8 机会缺口分析示例

(1) 机会点一：马桶刷的设计，主要考虑马桶的清洁问题。
(2) 机会点二：淋浴间玻璃的清洁和洗手间镜子的清洁。
(3) 机会点三：卫生间毛巾晾晒架的设计（毛巾容易有味道、产生细菌）。
(4) 机会点四：刮擦窗器的设计，是否可以设计为双面刮擦窗器。
(5) 机会点五：鞋底的清洁设计。

根据上述机会点，进行深入的市场调研，了解市场上是否已经有产品可以很好地解决这些问题，并对机会点进行分析、评估，最终确定将机会点三、机会点四作为深入设计的方向。

确定好深入设计的方向之后，展开深入设计，比如针对机会点三，可以建立典型的人物角色，根据前期的实地考察和感同身受，描述他在一天当中使用毛巾的情况，应尽量描述得生动、形象，以给人代入感，方便从中找到线索，利于后期的设计发散。

6.3.3 设计提案

找到问题，并深入地了解了问题的方方面面后，接下来要做的就是讨论并提出解决问题的可行性方案。可以采用目的发散法展开创意并交叉团队创意，要求每个人提出自己的观点，其他人在此基础之上进行更深入、更全面的思考。在这个时候，主要还是以文字的形式来描述创意提案。明确了解决方式后就可以用草图来展开创意提案了。前期创意提案草图示例如图6-9所示。

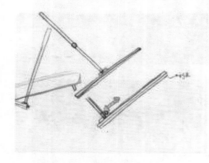
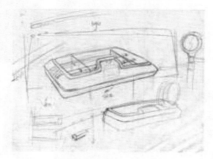
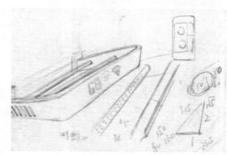

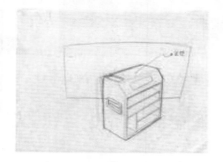

图6-9 前期创意提案草图示例

前期的草图绘制完成之后，就要进行创意方案的筛选工作了。筛选创意方案时，要理性地分析技术可行性、社会发展需要等因素。最后，通过投票的方式来确定最终方案，参与投票的人最好包括创意设计师、目标用户等。本案例中，得票最多的创意方案是毛巾消毒烘干产品。这个创意方案是根据卫生间中的毛巾晾晒架存在的问题而提出来，旨在设计一款全新的毛巾晾晒架，使毛巾清洁变得更加方便。根据选定的方案进行草图的深化绘制，如图 6-10 所示。

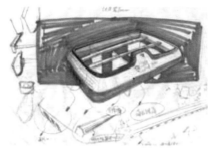

图 6-10　深化的草图方案

深化完草图方案后，接下来就进入草模制作阶段了。通过草模制作并进行演示操作，可进行方案和尺寸的探索。草模制作及演示操作如图 6-11 所示。

图 6-11　草模制作及演示操作

确定产品没有问题之后，就可以开始建模和渲染了：根据草图进行建模，先进行搭线，之后进行面组建立，完成建模，然后根据需要进行渲染（见图 6-12），以模拟真实的材质、色彩。此时，可以得到产品的最终效果图。

最终效果图制作完成后，就可以制作产品模型了。将方案的三维源文件送到工厂，工程技术人员会根据加工的需要对产品图进行 Pro/ENGINEER 拆分。前期拆分的部件图会被发送到编程人员的手中，编程人员使用 Mastercam 软件进行 CNC 加工的编程工作，编写加工代码。拆分的部件在 CNC 加工中心被加工出来后，需要人工去除毛刺，并进行修补、打磨。之后，根据 CMF 图示文件对部件进行表面喷涂工作，并使用染料对亚克力部件进行染色，接着用网版刷蘸取油墨，快速地刷过丝网印图案的地方，完成丝印印刷工作，最终使用 502 胶水将模型组装起来，完成产品模型的制作，如图 6-13 所示。

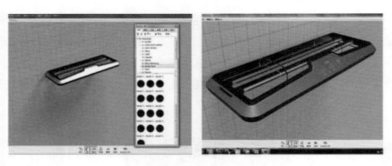

图 6-12　渲染

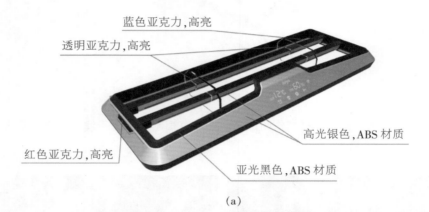

蓝色亚克力,高亮

透明亚克力,高亮

高光银色,ABS 材质

红色亚克力,高亮

亚光黑色,ABS 材质

(a)

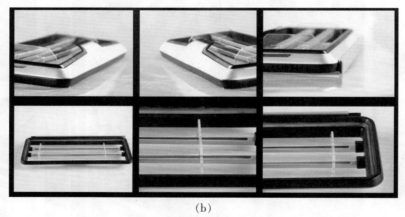

(b)

图 6-13　产品模型的制作

项目 7

基于"文化符号"的
文化创意产品设计

JIYU WENHUA
FUHAO DE
WENHUA CHUANGYI
CHANPIN SHEJI

任务 1
主 题 综 述

7.1.1 课题背景 ▼

文化创意是以文化为元素，融合多元文化、整理相关学科、利用不同载体而构建的再造与创新的文化现象。著名平面设计师靳埭强曾说过：“文化 、设计、创意三者不可分离，文化是生活的精华，生活蕴含着创意。设计体现生活，离不开创意和文化。”文化创意可以提升产品的附加值，进而提升产品的价值。通过提升意识形态的价值元素使产品迎合消费者的心理认同，可以唤起消费者的购买欲望。中国文化博大精深，是全球文明的重要组成部分，而在全球化的大环境中，中国传统的工业设计过于追求西方国家的风格，没有体现本土特色，因而在现阶段产品设计的发展过程中，要打造中国的品牌，运用中国的元素，体现中国的文化。

7.1.2 项目设定 ▼

【案例】 文化创意产品设计。

【项目来源】 自拟。

【项目背景】 这几年随着文化创意产业的发展，文化创意产品不断地发展，且备受关注。文化创意产品不同于一般的用品，它主要是以文化为依托，将特定的文化符号转换成设计的元素，运用到产品的形态上而设计出的产品。

【设计要求】 文化创意产品设计，不能仅仅是生搬硬套中国的元素，而是要符合大众的审美习惯，满足产品的主要功能。文化创意产品设计的难点在于文化元素的提取、造型元素与产品功能的融合。

7.1.3 教学设置 ▼

1. 教学目标

通过对文化创意产品设计基础知识、规律及法则的学习，学生应了解文化创意产品设计的基本流程，掌握产品实用功能性与文化符号相结合的产品造型方法，能通过特定的修辞方法启发形态的设计。

2. 教学重点

教学重点有两个：一是如何提取文化元素，了解文化符号的来源；二是如何把文化元素与合适的产品进行关联（关联时需要运用一定的手法，不能生搬硬套）。

3. 教学内容

（1）确定设计的主体。产品是指能够提供给市场，被人们使用和消费，并能满足人们某种需求的任何东西。旅游产品作为产品的一种，必须具备某种功能。在做旅游产品设计的时候，要确定其要具备何种功能。

（2）选取文化符号。可以从相关的自然物、人工物、历史物和抽象物中选取文化符号。

（3）设计定位：选定造型元素，选定功能小产品。

（4）草图方案：绘制初步草图，深化初步草图。

（5）建模、渲染、尺寸贴图制作。

（6）产品配套包装制作。

任务2
教学启发

7.2.1　主题理解

文化创意产品体现出对传统文化的认识与再设计。而对于传统文化的认识与再设计，不应只是复原当时的感受，要融合当代的思想方式和审美情趣。文化创意产品可以体现特定的文化内涵，可以有效地传递产品的纪念意义、增添产品的情感魅力。消费者可以从文化创意产品的熟悉的文化特征中了解到相关的产品使用信息，唤起相似的感觉与记忆，实现情感上的认同。

7.2.2　主题启发

1. 文化符号的来源

中国元素在不同的朝代有不同的表现：明式的椅子端庄，体现了人文、人性，一个弧度或许就是一种符号；清代有各种釉料，它们便是清代的符号。文化符号可以从与文化相关的自然物、人工物、历史物和抽象物中选取。

（1）直接从地域性的视觉符号中提取元素。这是文化符号最为常见的一种运用方法。从文化符号中提取元素，结合产品本身的功能，巧妙地将功能与形式结合，可以使视觉符号直接、地域性特征明显，缺点是直接的符号运用有可能会产生雷同的产品。

（2）间接从诗词、散文、绘画、传说等中提炼文化符号，然后通过一定的修辞手法（如明喻、暗喻、转喻、抽象、联想等手法），将文化符号元素运用到产品设计中，并以一定的产品语义表现出来，从而取得消费者的心理认同。

（3）从特定的年代、特定的区域产生的社会性情感共识当中提取元素。例如，从上山下乡的情感共识当中提取元素，使得当年"小芳"这首歌红极一时，而玉雕大师把上山下乡这个主题运用到玉石设计中所设计的作品引起有过这些经历的人群的共鸣。情感共识往往产生在特定的阶段，会有自己特定的受众，涌现出特定的审美意识形态。也就是说，情感共识在不同的时代、不同的领域具有不同的意识形态。

德国红点奖作品——专为普洱茶设计的水滴壶（见图7-1）就是一个好的诠释。老子说："上善若水"。人类的文明总是和水相互联系。孔子云："逝者如斯夫"，时间和水一样都是无形的，我们无法把握它们。时间和水都会在与好友

图7-1　专为普洱茶设计的水滴壶

饮茶的过程中消逝。而拿着水滴壶倒茶似乎便是将无形的水掌握在手中了。与水滴壶配套的有三只杯子。这三只杯子的寓意是"三人行必有吾师"。水滴壶上虽然没有具体的中国符号，但是包含着精神性的元素——无形的水，体现出中国的茶文化。

2. 文化创意产品的功能分类

文化创意产品的种类繁多，如有文具、饰品、家具、灯具、茶具、纪念品等生活用品。根据文化创意产品的功能不同，文化创意产品可以分为以下五类。

（1）具有装饰性功能的文化创意产品：如中国结、京剧脸谱、传统纺织品、印章、珠宝、著名建筑的模型、著名商标、台历、水晶工艺品、剪纸等。

（2）具有实用性功能的文化创意产品：如书签、名片盒、厨房调味罐、筷子、茶壶、花盆等。

（3）具有娱乐性功能的文化创意产品：如智力玩具、风筝、灯笼、玩偶等。

（4）具有食用性功能的文化创意产品：如具有创意造型的食品或者食品包装等。

（5）具有纪念性功能的文化创意产品：如根据特定的年代和事件开发的礼品等。

3. 文化符号在产品设计中的体现

1）纯形式的结合

这类产品造型直接生硬地添加符号元素，利用独特的外形、明亮的色彩来吸引人们的注意，引起使用者对文化符号的认知。这种形态创造层次比较低，与产品功能和体验方面的关联不大，因而所用到的文化符号容易被其他的文化符号取代。

图 7-2 安娜红酒开瓶器

2）形式和功能相吻合的产品形态

形式和功能相吻合的产品形态，比较符合路易期·沙利文的"形式追随功能"理念。这种产品形态带有理性的设计成分，形式往往是含蓄的，产品的功能与结构结合巧妙，这种产品形态设计是高一层次的形态设计。由于在这种产品形态设计中符合某种功能和结构的造型元素往往只有几种，甚至只有一种，所以要求设计师善于发现产品和造型元素之间的关联并巧妙地运用它，而不能牵强附会。国际上很多成功的创意品牌产品都采用了这种设计手法，比如意大利阿莱西公司的知名作品——安娜红酒开瓶器（见图 7-2）。安娜红酒开瓶器是红酒开瓶器乃至所有开瓶器诞生以来具有划时代意义的产品，它把开瓶器造型从简单的机械化造型转化为高度拟人化、可亲可爱的造型，为呆板的厨房用品开创了一条新的设计思路。不要小看弱质纤纤的"安娜"哦，她的齿轮手臂的螺丝结合处、尺寸、材料、形状、作用力点等，都经过设计大师的细致研究与实验。"安娜"实现了功能与形式完美结合。

3）形式、功能相吻合，同时又能营造意境体验

反思体验是人精神层面的活动，营造意境的反思体验是使用者深层次意识的活动，可为使用者带来乐趣。最有代表性的形式、功能相吻合，同时又能营造意境体验的文化创意产品就是旅游纪念品。旅游纪念品的设计一般更强调旅游纪念品的纪念意义，旅行者购买旅游纪念品就是为了保存回忆，而能够营造场景意境的旅游纪念品更能勾起旅行者对当时旅游乐趣的回忆。例如图 7-3（a）所示的火山加湿器，它具有富士山造型，在使用的过程中水汽渺渺上升，整体意境犹如火山蒸腾，给人带来特殊的体验。再例如图 7-3（b）所示的高山流水香器，熏香产生的烟气顺着卵石造型的主体侵泄而下，犹如水流在山涧流淌。

(a)火山加湿器

(b)高山流水香器

图7-3 火山加湿器和高山流水香器

》》》 任务 3
源于"菩提树下"的灯具与香器设计

7.3.1 前期主题选择 ▼

对于本任务，前期选择以养生产品设计为主题。

"养生"一词，最早见于《黄帝内经·灵枢·本神》："故智者之养生也，必顺四时而适寒暑，和喜怒而安居处，节阴阳而调刚柔。如是，则避邪不至，长生久视。"养生是中国特有的说法，而在西方国家形成了营养学。养生方面的知识都是建立在科学的基础上的，中式养生的分类存在一定的模糊界限，很多文献资料在养生的分类上存在差异。中医养生专家张国玺将养生分为精神养生、起居养生、饮食养生、运动养生和药物养生五类。也有人将养生分为季节养生、体质养生、经络养生、饮食养生和运动养生五类。

通过对养生现状进行了解与调查，对调查结果进行分析，可以得到一些有用的信息。现在人们的养生方式有很多种，经络养生和饮食养生尤为受欢迎，经络养生（如按摩、足疗、揉腹、针灸、推拿等）需要去专门的场所，接受专业人士的服务。饮食养生需要对各类食物的温热性进行识别，对食材的搭配、各种食材的用量以及烹煮时间的把握也都需要去充分学习与了解。另外，精神养生也是很多文献资料着重提及的一种科学的养生。精神养生也可分很多种类。其中，禅修与静坐很受现代快节奏生活方式下的人们的追捧。禅修与静坐可以让人在喧闹繁杂的环境中得到精神的修养，不需要专业的中医知识和专业的器材设备，人只需要闭上眼睛，排除心理杂念，即可放松心情。禅修与静坐简单又容易实现，是符合现在人群需求的精神养生，是具有很大消费市场的精神养生。

7.3.2 设计调研 ▼

1. 名称解读

在中国的养生学中，传统文化与养生文化是相互影响、相互融合的。在精神养生方面，中国养生学一直有"动以养形，静以养神"的说法。在古代，我国有"养神"与"养形"两大养生流派，随着历史的推移，这两大流派出现了分化，形成了养生理论中的儒、道、佛、医四家流派，但其根源依旧变化不大，重养仍是四家流派的共同特征。

养神文化从古代一直延续至今，但现在的人养神不像古人养神那么纯粹，这与时代的不同有很大的关系。古代圣贤极其注重修身养性。古人很喜欢静坐，静坐是最佳的修身养性方法。观书仅次于静坐，它能够提高人们自身的思想修为。谈书义理、学法帖字、澄心静坐、益友清谈、小酌半醺、浇花种竹、听琴玩鹤、焚香煎茶、登城观山、寓意弈棋更是被古人称为人生十乐。古人怡养心神的养生之道迄今仍值得我们借鉴和学习。当然，在现今的现实生活中，人们无论是在学习方面还是在工作方面都是紧张而忙碌的，由于被家庭、事业等各种世俗牵绊，确实很难像古人那样有闲情逸致，能够去游览名山大川，也很少有临渊观鱼、披林听鸟的机会。虽然我们无法拥有像古人这样的恣意享受，但是在日常生活中为了自己的身体健康，为了以饱满的精神状态去迎接生活挑战，再忙碌也要注重精神养生，努力做到在喧闹中寻得片刻的安静，再忙碌也要寻找机会让身体舒缓、放松一下，摆脱世俗的烦恼。

精神养生在清静的环境中进行，目的是修炼精神、意识、道德、思想，吐纳行气，养性修真，调整身心，以达到长生。在中国的传统文化中，"清静无为"是道家所追求的思想境界。精神养生是最容易做、最不容易做到的养生。说它最容易做，是因为它不需要很多的专业养生知识，不需要很多的专业器械；说它最不容易做到，是因为现在人们大多深处繁华、喧闹的市区，紧张的生活节奏让人很难平心静气地进行精神养生。

如何进行养神呢？要进行养神，就必须全身放松，息心以静，戒骄戒躁，保持心态平和，善于调整情绪，使自己的心情达到最佳水平。禅修与静坐，可以说是最佳的静态运动，是修身养性的重要方法。调息、静坐，修炼"淡泊明志、宁静致远"的心境，从心理上排除杂念，最终可到达形神俱妙的境界。禅修与静坐可以带我们回到真我，超越我们的习气，使我们真正领悟和品尝我们的整体生命。禅修与静坐是进行精神养生最方便的方法。我们可以从禅修与静坐这一主题入手，寻求更好的方法来解决精神养生这一问题。

2. 相关产品搜集

经过调查，发现市场上的精神养生产品种类并不是很多。市场上常见的养神产品有：具有养神功效的药品，用于煮养神茶的水壶，用于禅修与静坐的各类禅椅、禅垫（见图7-4），用于养神的香烛、薰香（见图7-5）；用于修神、安眠的氛围灯（见图7-6）。其中，香烛和薰香可以驱寒祛湿、净化空气、凝神静气，氛围灯可以营造舒缓、安静的氛围，它发出的昏暗的灯光容易使人进入睡眠，有安神的作用。

图7-4　禅椅、禅垫

图7-5　香烛、薰香

图 7-6 氛围灯

3. 设计定位

通过以上的调查研究，在设计定位环节，将设计范围进一步缩小到氛围灯的设计上。人的官感觉灵敏，并能在特定情况下形成通感。通过视觉、嗅觉、听觉、味觉、触觉上的暗示，形成一个立体的错觉，可以帮助人很快地进入所营造的安静氛围，进而达到平心静气的心理状态。我们将从这方面着手，使氛围灯具有感官暗示性，以营造一种舒适、宁静的环境。

4. 同类产品分析

通过前期的调研发现，现在的人群对于氛围灯的使用还是比较多的，所以，在设计氛围灯之前，需要搜集同类产品的资料，并对其进行分析，从现有产品中寻找设计的切入点。

同类产品一如图 7-7 所示，这款氛围灯的尺寸为 10 cm×10 cm×13 cm，它具有投影功能，开机 1 小时后自动关机，底座可在 0°～30°之间调节，顶部显示蓝色的光波。这款氛围灯能够轻松地将海面的光辉展现到室内，可以帮助人们抚平内心的烦闷，减轻人们的压力。这款氛围灯在外观上不是很漂亮，形态生硬，不柔和。

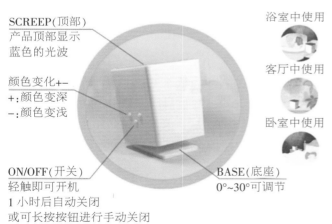

图 7-7 同类产品一

同类产品二如图 7-8 所示。这款氛围灯造型简约却不乏雅致，放置在卧室床头或是计算机旁，别有一番情调。这款氛围灯的优点是，光线温馨、柔和，同时拥有引人注目的照明效果，适用范围广泛，缺点是现代感强、过于产品化。

同类产品三、四如图 7-9 所示。这两款氛围灯均是白瓷香薰灯。它们的加工工艺存在瑕疵，而且若使用不当，则可能会碎裂。

图 7-8　同类产品二

(a)同类产品三　　　　　　　　　　　　(b)同类产品四

图 7-9　同类产品三、四

通过对多款市场同类产品进行分析得出如下结论：现在市场上现有的氛围营造产品大多是用来改善睡眠的；产品在造型上更趋于现代化科技产品的硬朗，线条直白，不够柔和；产品缺乏元素的运用，没有文化底蕴。

7.3.3　文化符号元素选取

1. 设计元素——禅

选用"禅"这一元素，是因为现在禅道养生是具有特色的养生方式，是将古代道家养生所积累的经验与禅家圣僧的大道大德相结合而形成的养生之道。禅道养生能够指导人们顺应天时，适应自然界的阴阳变化规律，通过简单、自然的方式达到最高层次的养生境界。禅道养生是佛学教育体系中的一个重要分支，在禅文化里养心是重点，清心寡欲的禅学义理奠定了禅修于心的崇高境界。禅意的环境能给人带来清雅宁心的感觉，因此在元素的选择上，"禅"无疑是最佳的。

禅在《辞海》的解释是佛教的名词，是梵语"禅那"的略称。在文献《俱舍论》中，禅是指在安静的状态之下，通过自身修行来反观内心世界的修持方法。具有神意的图片如图 7-10 所示。

中国的禅宗是外来禅文化与中国传统文化相融合的结晶。中国的禅宗是中国佛教的代表，所以现在的人普遍将禅宗直接解释为佛教的主要派别之一。中国的禅宗主张修习禅定、"四禅八定"，禅者以参透、深究内心世界为主旨。日本禅宗是于镰仓时代从中国禅文化传入日本经过本土化形成的，中国禅文化在日本得到了发扬光大，形成了日本现在所特有的佛教禅宗系统。日本的茶道、插花、武术、传统文学等，皆在很大程度上受到日本禅宗的影响。

2. 禅语

禅语主要指从佛门中传出的精华语句。虽然禅语平凡、朴实，但其含意深远。禅语对人生思想等方面起着精

图 7-10　具备禅意的图片

神食粮的作用。由于禅语隽永，所以禅语在生活警示以及文学艺术作品中得到广泛应用。

经典的禅语有很多，现摘录部分如下。

一切皆为虚幻。

不可说。

色即是空，空即是色。

一花一世界，一叶一如来。

大悲无泪，大悟无言，大笑无声。

菩提本无树，明镜亦非台。本来无一物，何处惹尘埃！

偶来松树下，高枕石头眠。山中无历日，寒尽不知年。

溪声尽是广长舌，山色无非清净身。

3. 禅意产品

禅意产品（见图 7-11）一般都使用自然的材质制作，是为了竭力去模仿自然的形态，让产品回归自然，使人在使用它时内心得到宁静。禅意产品简洁、素雅的外观使环境变得温和、淡泊宁静、清新淡雅、不流于烦冗，简约中却可见对细节的经营，不仅能营造一种宁静淡雅的生活氛围，而且还能提高个人的生活品位。

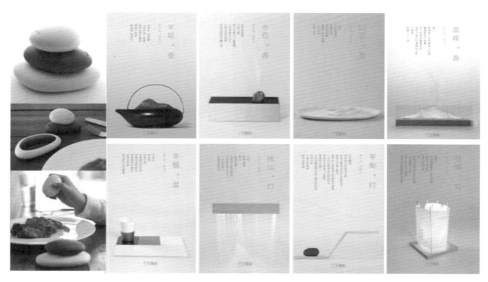

图 7-11　禅意产品

7.3.4　设计定案 ▼

现在的人们非常喜爱这些充满"禅意"的用品。将禅意文化理念融入生活用品之中，不仅使生活用品实用、美观，而且还增加了生活用品的文化气息，有助于提高个人的生活品位。禅意产品造型简洁、素雅、纯粹，同时给人一种"只可意会不可言说"的神秘感觉。本次产品设计的外观将从禅意文化中提取元素，参考禅意产品对细节的把握与处理，使现代科技产品不再冰冷硬朗，为现代科技产品增添传统文化的柔美之感。

1. 形态头脑风暴

形态头脑风暴（见图 7-12）这一阶段，是设计过程中必经的一个阶段：在确定产品为具有养神功能的氛围灯、香器后，要将传统文化中的"禅"元素融入现代科技中；在确定这些目标后，进行集中注意力与思想的创造性，打开设计思维，对产品的造型进行各种必要的尝试；这些设计造型最初可能只是非具象的概念，可能是由文字、图片、音乐等产生的一个意念，将这些模糊的概念进行罗列，在图纸上简易地进行表达，找到所想要的产品造型基本构成，以便后期对造型形态进行延伸与深化。

图 7-12　形态头脑风暴

2. 方案筛选

这个阶段是方案的初步筛选确定阶段。在前期思路进行拓展后，对所有方案的技术、工艺及外观美感进行分析，同时结合目标消费群体的意见进行方案挑选，选出 3~6 个可行的方案，然后对各个方案的整体形态、局部特征进行深入设计。

方案一：僧侣造型灯具设计如图 7-13 所示。

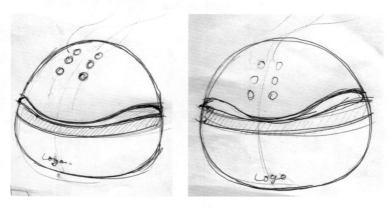

图 7-13　僧侣造型灯具设计

此方案的设计造型为僧侣相面造型的简化与提炼，充分利用了僧侣头上的戒疤造型，以其作为香薰雾气的出气孔，用圆滑的线条表现产品的形态。此方案强化发际线，将发际线充分利用起来，将其作为 LED 灯光的光源，以及产品的分模线。

　　方案二：佛手造型香薰设计如图 7-14 所示。

图 7-14　佛手造型香薰设计

　　此方案灵感来源于佛手，佛手具有神秘的宗教色彩，佛教思想的延伸与传承，赋予佛手禅意思想。世人觉得"佛手"与"福寿"音近，是种福音，因此对佛手造型充满喜爱和敬意。此方案采用这个元素具有极好的文化意蕴。佛手图像是具象的，因此将佛手造型进行几何化处理，可使之更接近产品化。在该佛手造型香薰中，佛手掌心内空，可放置香烛或者香薰精油。

　　方案三：佛手小和尚造型香薰设计如图 7-15 所示。

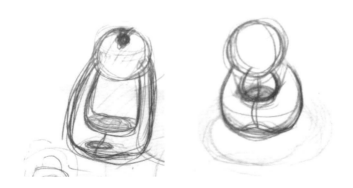

图 7-15　佛手小和尚造型香薰设计

　　此方案灵感来源于佛家人物形态，佛家打坐为日常要务，与本设计主题紧扣，因此该款产品由佛家静心打坐形态演化而来，以拂袖形成的环形作为香薰材料的放置处（可放置香烛或者香薰精油），造型简洁、可爱。

　　方案四：菩提树下灯具和香薰造型设计如图 7-16 所示。

　　此方案灵感源于玉雕菩提。因为佛教创始人释迦牟尼在菩提树下悟道，修道成佛，所以菩提树成为佛家圣物。经典佛语："菩提本无树，明镜亦非台。本来无一物，何处惹尘埃！"本方案由菩提树下这一概念衍生而来，用抽象的几何形态表现菩提树，对佛像的造型进行元素提炼，用简单的线条勾勒出饱满的形态，重现佛陀悟道的场

图 7-16　菩提树下灯具和香薰造型设计

景。这个方案主要强调的是表现禅意的意境，设计造型时需要注重尺度的把握。

3. 深化方案

深化方案这一阶段是在反复斟酌筛选产品设计构想后，确定最终方案的阶段。之前选出的四个方案，方案一的僧侣相面造型是这几个方案中最趋于现代化的，过于现代科技化的外观与禅意的写意感不相符，因此摒弃这个方案。方案二的佛手造型线条生硬，不美观。方案三的佛手小和尚造型，元素提取得过于直白，且市场上这类造型的产品比较多，无法在众多产品中脱颖而出，而方案四菩提树下方案在造型上贴合禅意，在产品语义学上具有研究价值，因此属于较好的方案。

方案四产品在造型上整体结构框架合理，后续需要对产品的细节进行深入的探索，对不足的地方进行修改。菩提树下灯具和香薰方案深化草图如图 7-17 所示。

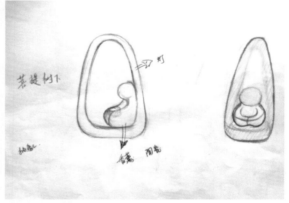

图 7-17　菩提树下灯具和香薰方案深化草图

方案四产品的大体结构框架已经确定了，但是菩提树的轮廓用尖顶显得顶端太窄、底座太宽，呈现出三角形，线条过于生硬，且里面的小和尚造型从侧面看显得过于呆板，线条不够柔和，整体与禅意意境不太符合，因此下一阶段需要对菩提树的线条弧度进行软化，对小和尚造型进行再设计，对小和尚在菩提树中的高度及产品的整个比例进行深入的探索。

4. 方案调整

方案调整是借助三维建模来进行的，手绘图纸上的造型无法直观地看出三维效果，而通过三维建模，可对方案中不美观、不合理的地方进行调整，使产品能够取得最佳的效果。

7.3.5　设计表现 ▼

1. 方案三维表达与效果图

所设计产品的外观尺寸是根据人际工程学并借鉴现在市场上同类产品的尺寸决定的。一般此类台灯的外观尺寸为长 220 mm、宽 140 mm，设计时可根据所设计的产品的形态合理性结合人群使用的方便性确定其外观尺寸。

2. 方案建模渲染

在所选方案细节确定好并且草图绘制完成后，我们将按照草图利用 Rhino 进行三维建模。在利用 Rhino 完成三维建模后，需要直接地观看产品的形状、色彩以及材质的最终效果。在这里，我们用 KeyShot 渲染软件对产品 Rhino 文件进行渲染。菩提树下方案建模渲染图如图 7–18 所示。

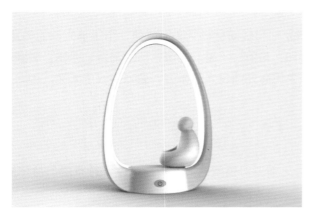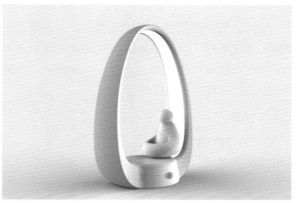

图 7–18　菩提树下方案建模渲染图

3. 产品的色彩

在工业产品设计中，产品的色彩选择会影响到产品的最终呈现效果。色调不同会让人产生不同的心理感受：明调亲切、明快；暗调庄重、朴素；灰调含蓄、柔和。氛围灯设计的目的是营造一种安静、祥和的氛围，这就决定了此次设计采用的色彩应当是柔和的、素雅的。在通常情况下，明快的色调给人以表面光滑、洁净、细腻的感觉，白色让人有清白、淡雅的感觉，且白色是现代科技产品所钟爱的色彩，所以在这次产品的色彩选择上，决定利用大面积的白色，使产品在整体上呈现出轻盈、素雅、淳朴的效果。根据中国的传统艺术文化和禅意文化在视觉上以写意的形式表达，在色彩上也应采用简单的用色，在雅素的色彩上再用一抹具有深意的色彩加以渲染与衬托，即可达到一种写意的效果。

7.3.6　模型制作 ▼

1. 产品材料

本次课题中的氛围选择采用 ABS 材料和亚克力材料制作。

（1）ABS 材料。ABS 材料是合成树脂材料，是丙烯腈 – 丁二烯 – 苯乙烯共聚物。选用 ABS 材料是因为其耐低温性、抗冲击性、耐化学药品性、耐热性及电气性能优良，ABS 材料容易进行加工，成品后尺寸能够保持稳定，表面光泽性好，而且这种材料在后期处理上容易进行涂装、着色，可以对其进行表面喷镀金属、电镀、焊接、热压和粘接等二次加工。ABS 材料由于其优异的特性、加工成本低，被广泛应用于仪器仪表、电子电器、机械、汽车、纺织和建筑等工业领域，是一种用途极广的热塑性工程塑料。

（2）亚克力材料。亚克力（acpylic）的化学名称为聚甲基丙烯酸甲酯，亚克力材料具有较好的透明性，优良的化学稳定性和耐候性，易染色、易加工、外观优美。亚克力材料具有水晶般的透明度，具有高透光度（透光率在

92%以上）。亚克力材料的生产难度较大，加工成本也相对较高，亚克力材料被广泛应用于日光灯、吊灯、街灯罩、手工艺品、厨房用品、车船门窗玻璃等领域。

2. 加工工艺

（1）CNC 工艺。CNC 是英文 computer numberical control 的缩写，CNC 加工是当今机械制造中的先进加工技术，这种自动化的加工方法精度高、效率高、柔韧性高。对于本次产品的实物模型制作，由于受到加工材料和加工周期的限制，所以决定选用 CNC 加工。

（2）喷砂工艺。喷砂是利用高速砂流的冲击作用清理和粗化基本表面的过程。人的感官是能够感知到变化的，虽然我们自己无法感知到灯光的变化，但有研究说，灯光的闪动对于人眼有作用：对于强光，人的瞳孔会收缩；对于微弱的灯光，人的瞳孔会放大。因此，在温和的环境中，强烈的光源会使人的眼睛不舒服，所以要对光源进行弱化，结合这一原因，我们决定对亚克力材料进行喷砂处理。

（3）哑光工艺。哑光漆是以清漆为主，加入适量的消光剂和辅助材料调和而成的，由于消光剂的用量不同，所以漆膜光泽度不同，但总的来说，亚光漆漆膜光泽度柔和、匀薄、平整、光滑，而且耐温、耐水、耐酸碱，能够让产品外观看起来比较柔和、素雅，更有质感。在装饰中用高光漆反光效果强，会显得过于光亮，因此，这里选择对所设计氛围灯进行哑光处理。

3. 加工流程

1）加工文件整理

三维建模完成后，要送入模型厂进行模型加工，送去之前要对模型的所有资料文件进行整理，将 3D 文件、产品外观图及各细节渲染效果图导出。

2）前期分析与拆图

前期分析与拆图，即在模型厂接单后，工程师对模型 3D 文件进行格式转化（将 Rhino 文件转为 Pro/ENGI-NEER 工程文件），对 CNC 工艺的特点和材料的特性进行分析，若模型加工遇到了问题，经过与工程师沟通后，对模型进行细微的调整。模型拆件后，若确认无误，接下来就要准备 CNC 编程了。模型制作前期分析与拆图过程示例如图 7-19 所示。

图 7-19　模型制作前期分析与拆图过程示例

3）CNC 编程与加工

在进行 CNC 编程前，工程师要对产品的技术特性，零件的几何形状、尺寸以及工艺要求进行分析，以确定使用的刀具、切削用量、加工顺序和走刀路线，进行数值计算，获得刀位数据，然后按数控机床规定的代码和程序格式，将工件的尺寸、刀具运动轨迹、位移量、切削参数和辅助功能编制成加工程序，并输入数控系统，由数控系统控制机床自动进行加工。模型制作 CNC 加工示例如图 7-20 所示。

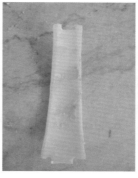

图 7-20　模型制作 CNC 加工示例

4）后期加工处理

组成模型的零件在经过 CNC 加工后，表面粗糙，所以要对其进行后期加工处理。工人先用刀片对较大的加工毛刺进行清理，然后用砂纸对细微的地方进行打磨、清洗。模型制作后期加工处理示例如图 7-21 所示。

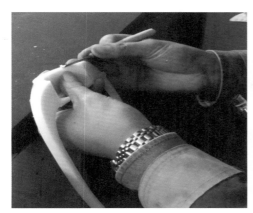

图 7-21　模型制作后期加工处理示例

5）喷涂与组装

（1）喷涂。组成模型的零件后期加工处理好以后，将对其进行第一次上色，在模型各拆分件内侧粘附上一双一次性筷子作为上色时的把手。上色时，一般先喷涂一层白色作为底色，第一次上色结束后，将模型各拆分件放入烤箱进行干燥处理，然后检查上色是否均匀，对于粗糙不均匀的地方要进行修补，再次烘干后用纱砂纸进行打磨，打磨完毕后清洗、干燥模型各拆分件。选定色彩后，进行第二次上色、干燥。模型制作喷涂过程示例如图 7-22 所示。

图 7-22　模型制作喷涂过程示例

（2）组装。模型各拆分件上色、干燥后，有序地组装各拆分件，同时将电路与 LED 灯带装进灯罩里，并用三氯甲烷粘牢。模型制作组装示例如图 7-23 所示。

图 7-23　模型制作组装示例

至此，模型就制作完成了。

REFERENCE
参考文献

[1] 朱钟炎,丁毅.设计创意发想法[M].上海:同济大学出版社,2007.

[2] 吴佩平,章俊杰.产品设计程序与实践方法[M].北京:中国建筑工业出版社,2013.

[3] 吴冬玲.小变化,大乐趣——儿童产品设计[M].北京:清华大学出版社,2015.

[4] 王笑天,潘娟.锻造卓越产品——工业设计从业指南与全案解析[M].北京:清华大学出版社,2014.

[5] 戴力农.设计调研[M].北京:电子工业出版社,2014.

[6] 杨向东.工业设计程序与方法[M].北京:高等教育出版社,2008.

[7] 丁伟,张帆.360°看设计:设计师的成长路径[M].北京:机械工业出版社,2009.

[8] 张凌浩.下一个产品[M].南京:江苏美术出版社,2008.